H. Ruder/M. Ruder

Die Spezielle Relativitätstheorie

vieweg studium
Grundkurs Physik

Roman und Hannelore Sexl
Weiße Zwerge – Schwarze Löcher

Roman Sexl und Herbert Kurt Schmidt
Raum – Zeit – Relativität

Hanns und Margret Ruder
Die Spezielle Relativitätstheorie

Grundkurs Mathematik

Gerd Fischer
Lineare Algebra

Gerd Fischer
Analytische Geometrie

Otto Forster
Analysis
1: Differential- und Integralrechnung
   einer Veränderlichen
2: Differentialrechnung im IR^3, Gewöhnliche
   Differentialgleichungen

Ernst Kunz
Ebene Geometrie
Axiomatische Begründung der euklidischen und
nichteuklidischen Geometrie

Hanns und Margret Ruder

Die Spezielle Relativitststheorie

Mit 48 Abbildungen und
26 Übungsaufgaben

Prof. Dr. Hanns Ruder leitet das Lehr- und Forschungsinstitut für
Theoretische Astrophysik an der Universität Tübingen

Margret Ruder ist freiberufliche Mathematikerin

ISBN 978-3-540-41559-6   ISBN 978-3-642-50106-7 (eBook)
DOI 10.1007/978-3-642-50106-7

Vorwort

. . . schon wieder ein neues Buch über die Spezielle Relativitätstheorie. Wozu? Es gibt doch wirklich genug gute Bücher zu diesem Thema. Das ist eigentlich auch unsere Ansicht; warum wir dann doch dieses Manuskript fertiggestellt haben, ist eine Verkettung eher ungewollter Umstände.

Zuerst entstand, als Folge eines leichtsinnigen Versprechens, das ich Hörern meiner Vorlesung – nicht ahnend, wieviel Zeit die Ausarbeitung erfordern würde – gegeben hatte, eine Reinschrift der Vorlesungsvorbereitung. Dieses Skript fand, wie man heute sagt, eine erstaunliche Akzeptanz, vermutlich, weil die modernen vom Fernsehen verwöhnten Studenten in Vorlesungen nicht mehr gerne mitschreiben, sondern Vorlesungen mehr als Unterhaltungsveranstaltungen ansehen wollen.

Nachdem damit für uns dieser Punkt abgehakt war und die Lehre wieder etwas hinter die Forschung zurücktreten sollte, kam Herr Schwarz vom Verlag Vieweg und wollte das Skript als Lehrbuch herausbringen, was grundsätzlich natürlich kein Problem gewesen wäre, heutzutage ist ja alles cameraready im Computer. Aber Herr Schwarz, als moderner Physiker, meinte, ein heutiges Buch über spezielle Relativitätstheorie müßte $\eta_{\mu\nu}$ enthalten und nicht das zwar praktische, aber altmodische i von Minkowski. Da er damit im Prinzip recht hatte, ging die Formuliererei ab Kapitel 5 von neuem los.

Aber unabhängig von der mathematischen Formulierung, die ja bei der speziellen Relativitätstheorie sehr elementar ist, liegt der Schwerpunkt unserer Bemühungen darin, den nichtrelativistisch bewegten Leser, der nur das Newtonsche Eckchen der Raum-Zeit erlebt und dadurch in seiner Vorstellung von der Welt geprägt ist, die wohl immer unverständlich und unanschaulich bleibende wirkliche Struktur der Raum-Zeit, in der wir nun mal leben, etwas näherzubringen. Hierzu sei besonders auf die Paradoxa und das Aussehen schnell bewegter Körper verwiesen.

Nun möge der Leser entscheiden, ob er nach diesem Buch lernen oder sein Wissen direkt aus den Werken der großen Meister beziehen möchte. Zum Troste für die Unentschlossenen sei gesagt, daß die richtige Physik nicht nur Lorentz-invariant ist, sondern auch invariant gegenüber Lehrbüchern, Verlagen und Lesern. Dieses Buch hat zumindest den Vorteil, daß es sowohl von der Darstellung als auch von den Kosten her durchaus als Freibadlektüre in Betracht gezogen werden kann.

Zum Schluß sei noch erwähnt, daß uns Ute Kraus, Michael Bahner, Uwe Fischer, Axel Geyer, Bernhard Hofmann, Markus Leins, Jorge Manzano, Bernd Relovsky und Michael Ruder mit Verbesserungsvorschlägen, bei der Erstellung der Abbildungen und beim Kampf mit Postscript und TEXmacros geduldig geholfen haben. Ihnen sei an dieser Stelle für ihre Mühe gedankt.

Tübingen im Juni 1993   Hanns und Margret Ruder

Inhalt

1 Einführung

1.1 Zeitmessung

Als Albert Einstein im Jahre 1905 die spezielle Relativitätstheorie veröffentlichte, war der wohl revolutionärste Gedanke der, daß die Zeit nicht mehr als etwas Absolutes angesehen werden konnte, als etwas, das überall gleich vergeht, sondern als etwas Relatives, vom Bezugssystem Abhängiges. Weil gerade dieses Ergebnis unserem Vorstellungsvermögen so wenig einleuchtet, wollen wir uns, bevor wir uns der eigentlichen speziellen Relativitätstheorie zuwenden, zunächst mit der Zeit und der Zeitmessung beschäftigen.

Die Zeitmessung ist für die Physik ein grundlegendes Problem. In viele Naturgesetze geht die Zeit beispielsweise in Form von Zeitableitungen explizit mit ein. Dabei kann man sich nicht so leicht behelfen wie etwa bei der Längenmessung, wo man einfach einen Maßstab anlegen kann. Wir werden später diskutieren, daß sich die Längenmessung nur beim ersten sehr begrenzten Blick so problemlos darstellt. Will man die Länge schnell bewegter Gegenstände oder auch den Abstand Erde-Mond genau vermessen, dann muß man auch über die Längenmessung noch einmal sehr grundsätzlich nachdenken (vgl. Abschnitt 1.5 und 3.1). Für die fortschreitende Zeit dagegen fehlt bereits ein solcher von außen anlegbarer Maßstab. Wir wollen nun, ähnlich wie bei der Längenmessung, eine Zeitskala finden, die jedem Ereignis des täglichen Lebens eine Zahl zuordnet und so das Fortschreiten der Zeit veranschaulicht.

Man könnte auf den Gedanken kommen, Zeitmarken nach Willkür anzubringen, etwa indem jemand hin und wieder mit der Hand auf den Tisch schlägt und diese „Zeitmarken" numeriert. Nennt man dann zu jedem Ereignis die beiden Zeitmarken, zwischen die es fällt, so ist die zeitliche Reihenfolge durch eine Zahlenfolge festgelegt, ein Verfahren, welches jedenfalls einen Schritt zu dem angestrebten Ziel darstellt. Eine solche willkürliche Zeitnumerierung würde aber schon dem gewöhnlichen Leben nicht genügen. Unabhängig davon, daß man sich allein in Europa nicht darüber einigen könnte, wer auf den Tisch hauen darf, könnte man danach z.B. auch keinen Eisenbahnfahrplan aufstellen. Dieser muß Rücksicht auf die Bewegung der Züge nehmen, die sich aber aufgrund von Naturgesetzen vorhersehen läßt. Mit diesen Bewegungsgesetzen hat aber unsere primitive Zeitskala nichts zu tun.

Für eine wirklich brauchbare Zeitmessung hat man zwingend die Naturgesetze mit einzubeziehen. So wird die Zeitmessung (nicht die Zeitanschauung) ein Problem der Wissenschaft von diesen Gesetzen, also ein Problem der Physik. Man wird dieses Problem, um den berechtigten Forderungen der Wissenschaft zu genügen, unter dem Gesichtspunkt zu lösen suchen, daß die Naturgesetze, und zwar alle, möglichst einfache Formen bekommen und man mit möglichst wenigen Annahmen auskommt. Diese Zweckbestimmung ist der einzige Leitfaden bei der Festlegung einer Zeitskala.

Geschichtliche Entwicklung der Zeitmessung

Wie sich dieser Vorgang im einzelnen bei der Entstehung unserer heutigen Zeitmessung abgespielt hat, sehen wir am besten in dem im Bild 1.1 gezeigten Diagramm. Er soll etwas ausführlicher diskutiert werden, da er ein schönes Beispiel für das iterative Vorgehen in der Physik darstellt.

Betrachten wir speziell die Erdrotation. Man sieht, daß es vor 1940 sinnvoll war, die Zeitskala durch die Erdrotation festzulegen, da sie mit Schwankungen in der Größenordnung von 10^{-8} auf Zeitskalen bis zu 10^4 Jahren stabiler ist als jeder andere periodische Vorgang, der bis dahin für die Zeitmessung zur Verfügung stand. Hätte man als Zeitskala die Anzeige einer bestimmten Pendeluhr genommen, dann hätte man in der Erdrotation einerseits nicht vorausberechenbare statistische Schwankungen (da die Pendeluhren weniger genau gehen, siehe Bild 1.1) und andererseits eine systematische Veränderung (je nach Pendeluhr eine Verlängerung oder Verkürzung) in der Dauer eines Tages gefunden. Beides hätte man mit zusätzlichen hypothetischen Annahmen – zusätzliche Drehmomente oder Veränderungen des Trägheitsmoments der Erde – erklären müssen. Die Festsetzung der Erdrotation als Zeitskala dagegen benötigte keine weiteren Hypothesen und lieferte für die Gangfehler der Pendeluhren eine Gaußsche Fehler-

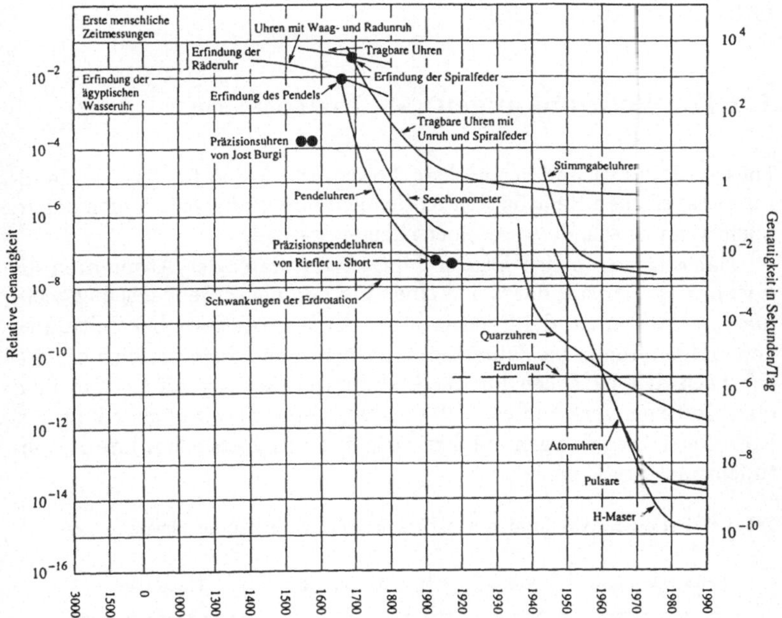

Bild 1.1 Die geschichtliche Entwicklung der Genauigkeit der Zeitmessung

kurve, wie man es gemäß den statistischen Schwankungen erwartet.
Bei der damaligen Meßgenauigkeit war also die Festlegung der Zeitskala durch die Erdrotation das Zweckmäßigste.

Nach 1940 hätte die Beibehaltung der Erdrotation als Zeiteinheit
dazu geführt, daß im Gang der Quarz- und Atomuhren systematische
Schwankungen aufgetreten wären. Die Annahme, daß die Atomuhren
die „bessere" Zeitskala liefern, beseitigt wiederum alle Schwierigkeiten; vor allem, da man ja bei der Erdrotation tatsächlich aufgrund
der physikalischen Gesetze Schwankungen erwarten muß, die jetzt, im
Gegensatz zu vor 1940, außerhalb der Meßfehler liegen.

Es kann an dieser Stelle natürlich nicht eine vollständige Theorie
der Schwankungen der Erdrotation dargelegt werden, das wäre ein ei-
genes Buch. Wegen der Bedeutung der Erdrotation für die Zeitmessung
sollen aber doch die wichtigsten Ursachen für solche – zwar sehr ge-

ringfügige – Schwankungen erwähnt und diskutiert werden. Außerdem soll dadurch auch ein gewisser Eindruck von der Komplexität dieses Gebiets vermittelt werden.

1.2 Die Schwankungen der Erdrotation

Dieser Abschnitt und der nächste Abschnitt 1.3 sind für das Verständnis der speziellen Relativitätstheorie nicht notwendig; sie können daher, auch wenn es schade wäre, überschlagen werden.

Nachdem es in den letzten Jahrzehnten dank der Atomuhren als hochpräzise Zeitstandards und einer Vielzahl neuer Beobachtungstechniken, gelungen ist, die Fluktuationen der Erdrotation über Zeiträume von einigen Tagen bis Jahrzehnten nachzuweisen, begann auch die Suche nach den Ursachen für die Änderungen der Tageslänge und dem quantitativen Verständnis. Tab. 1.1 zeigt eine Zusammenstellung der Rotationsschwankungen auf den verschiedenen Zeitskalen, ihre Amplituden und ihre Ursachen.

Tab. 1.1 Perioden, Amplituden und Ursachen der Erdrotationsschwankungen

Schwankungen	Periode	Amplitude	Ursachen
säkulare	$\geq$ 100 Jahre	Tageslänge steigt um 1–2 ms/100 a	Mond Eiszeiten
dekadische	10–30 Jahre	4–5 ms	Kern
jahreszeitliche	zweijährlich jährlich halbjährlich	0,08 ms 0,4 ms $\approx 0,4$ ms	Tropenwinde
hochfrequente	$\approx$ 50tägig 27tägig 14tägig	0,25 ms 0,1 ms 0,1 ms	Gezeiten (Sonne+Mond) Atmosphäre

Nach ihrer Frequenz teilt man sie ein in säkulare, dekadische, jahreszeitliche und hochfrequente, die nun im einzelnen etwas genauer besprochen werden sollen.

Säkulare Fluktuationen

Säkulare Änderungen der Tageslänge besitzen Perioden von einigen 100 Jahren bis einigen 10 000 Jahren. Bereits im 18. Jahrhundert stellten die Astronomen E. Halley und später R. Dunthorne beim Vergleich antiker Aufzeichnungen über Sonnen- und Mondfinsternisse mit neuzeitlichen Beobachtungen Diskrepanzen fest. Diese Differenzen wurden einer Beschleunigung der Mondbewegung zugeschrieben. Obwohl sich der Effekt damit quantitativ nicht völlig erklären ließ, wurde die Verläßlichkeit der Erde als perfekte Uhr zunächst nicht in Frage gestellt. Erst Glauert (1915) und Spencer John (1939) gelang es nachzuweisen, daß die Erde nicht mit konstanter Drehrate rotiert und damit nicht als gleichförmige Zeitskala angesehen werden kann.

Umfangreiche Analysen antiker chinesischer, babylonischer und arabischer Beobachtungen von Finsternissen und Sternbedeckungen ergaben, daß sich in geschichtlicher Zeit, also seit etwa 3 000 Jahren, die Länge des Tages um 1 bis 2 Millisekunden pro Jahrhundert vergrößert. Verantwortlich dafür sind die Gezeitenkräfte vom Mond und von der Sonne. Die Anziehungskraft auf den Gezeitenberg der Erde bewirkt, daß Energie und Drehimpuls von der Erde übertragen werden und sich damit der Bahndrehimpuls des Mondes erhöht. Die Gezeitenreibung in den Ozeanen (vor allem in flachen Meeresteilen und an den Küsten) bewirkt eine stetige Bremsung der Erdrotation und damit eine allmähliche Verlängerung des Tages. Gleichzeitig vergrößert sich der Abstand Erde-Mond, und zwar derzeit um etwa 3,7 cm pro Jahr (nachweisbar durch Laserentfernungsmessungen zum Mond).

Extrapoliert man diese Entwicklung sehr weit in die Vergangenheit, so ergibt sich, daß vor ungefähr 1,5 Milliarden Jahren die Tageslänge nur etwa 5 Stunden betrug und der Mond nur wenige Erdradien von der Erde entfernt war. Dieses System wäre instabil gewesen, aber weder Erde noch Mond weisen Spuren der sicher katastrophalen Auswirkungen auf, die eine solche Nähe der Himmelskörper gehabt haben müßte. Daher muß man annehmen, daß die Rate des Drehimpulsübertrags über so große Zeiträume nicht konstant war. Der Grund dafür ist wohl, daß in den Urmeeren, in denen die Landmassen praktisch nur einen riesigen Kontinent gebildet haben, die Gezeitenreibung wesentlich geringer war, die Tageslänge also damals viel langsamer zugenommen hat als heute.

Auswirkungen auf das Trägheitsmoment der Erde und damit auf ihre Rotationsrate haben auch die Eiszeiten, die während der letzten Million Jahre etwa alle 100 000 Jahre auftraten. Das periodische Wachsen und Schmelzen der kontinentalen Eisdecke, der Massenaustausch zwischen Polkappen und Ozeanen und die damit einhergehenden Änderungen des Meeresspiegels und der Strömungen in Ozeanen und Atmosphäre und schließlich das Nachgeben der Kontinentalplatten sind Faktoren, die die Erdrotation auf einer Zeitskala von 10^4 Jahren und länger beeinflußt haben. Zur Zeit vergrößert sich der Abstand Nordpol-Südpol um einen Millimeter im Jahr, immer noch als Folge des Abschmelzens der Polkappen seit der letzten Eiszeit. Das Trägheitsmoment der Erde wird dadurch etwas kleiner, und die Tageslänge nimmt etwas weniger zu, als man es aufgrund der Gezeitenreibung erwartet, in ausgezeichneter Übereinstimmung mit den historischen Beobachtungen.

Dekadische Fluktuationen

Änderungen der Tageslängen mit Perioden zwischen 5 und 30 Jahren faßt man gewöhnlich als dekadische Fluktuationen zusammen. Mit Amplituden von etwa 4 ms sind sie ebenfalls anhand historischer Beobachtungen nachweisbar. Auch in mittelalterlichen Aufzeichnungen europäischer Klöster finden sich Hinweise, genauere Daten liegen allerdings erst seit dem 17. Jahrhundert vor, als erstmals Teleskope für die Beobachtungen zur Verfügung standen. Als Ursache für diese meist irregulären Schwankungen der Erdrotation gilt die flüssige äußere Schale des Erdkerns, der nach allen Modellen der einzige genügend bewegliche und massereiche Teil der Erde ist, der die Erddrehung mit der gegebenen Amplitude auf dieser Zeitskala beeinflussen könnte. Man nimmt an, daß zwischen Kern und Mantel, für den eine elektrische Leitfähigkeit angenommen werden muß, eine elektromagnetische Kopplung besteht, die für diese Änderungen der Tageslänge zum größten Teil verantwortlich ist. Andere Faktoren, wie etwa eine Kern-Mantel-Kopplung durch Reibung, eine Massenumverteilung zwischen Polkappen und Ozeanen oder Erdbeben spielen dagegen für die Entstehung der dekadischen Fluktuationen, wenn überhaupt, nur eine untergeordnete Rolle.

Jahreszeitliche Schwankungen

Auf einer Zeitskala von einigen Monaten bis etwa fünf Jahren treten im Frequenzspektrum der Erdrotationsschwankungen drei Linien klar hervor: ein jährlicher, ein halbjährlicher und ein zweijährlicher Term. Den wichtigsten Beitrag zu diesen jahreszeitlichen Fluktuationen liefert der Austausch von Drehimpuls zwischen fester Erde und Atmosphäre. Durch Oberflächenreibung der Winde, vor allem an den Grenzlinien zwischen Wasser und Land, und durch Druckdifferenzen zwischen der windzugewandten und der windabgewandten Seite von Gebirgen entstehen Drehmomente auf die feste Erde, die ihre Rotationsrate ändern. Konzentriert in Strömungen von West nach Ost, bewegt sich die Atmosphäre in einer „Superrotation" mit einer Geschwindigkeit von ungefähr 10 m/s relativ zur festen Erde. Die jahreszeitlichen Änderungen des atmosphärischen Drehimpulses, d.h. die Variationen der Stärke der Westwinde der mittleren Breiten und der subtropischen Winde finden sich in den entsprechenden Schwankungen der Tageslänge wieder.

Mit einer Amplitude von ungefähr 0,5 ms tritt die jährliche Komponente der Fluktuationen am deutlichsten hervor. Sie wird angeregt durch den veränderlichen Betrag an Sonnenenergie, den die Atmosphäre je nach Jahreszeit erhält und der für Nord- und Südhalbkugel wegen der unterschiedlichen Verteilung von Kontinenten und Meeren verschieden ist. Periodische Änderungen des atmosphärischen Drehimpulses der nördlichen und südlichen Hemisphäre heben sich also nicht völlig auf, und der jährliche Term der Tageslängenschwankungen ist damit ein Maß für das Drehimpulsungleichgewicht zwischen den Windströmungen auf beiden Halbkugeln.

Dagegen werden die halbjährlichen Änderungen der Erdrotation durch Windoszillationen, die symmetrisch zum Äquator sind und sich in ihrer Wirkung addieren, hervorgerufen. Die Amplitude des halbjährlichen Terms (etwa 0,4 ms) ist also ein Maß für die jahreszeitlichen Schwankungen des totalen Drehimpulses der beiden Halbkugeln. Die Überlagerung der jährlichen und der halbjährlichen Effekte führt somit insgesamt zu einer Variation der Tageslänge von etwa 2 ms. Das Bild 1.2 zeigt die gemessene Tageslänge zwischen 1980 und 1984 sowie den Einfluß der Atmosphäre.

Die zweijährliche Linie im Spektrum der Erdrotationsfluktuationen ist mit einer Amplitude von 0,08 ms nicht nur wesentlich schwächer als die jährliche und die halbjährliche, sondern auch viel breiter.

Tatsächlich schwankt ihre Periode zwischen 24 und 26 Monaten, und es läßt sich ein Zusammenhang mit langperiodischen meteorologischen Vorgängen herstellen wie z.B. der sogenannten *Southern Oscillation*, einer Oszillation in Atmosphärendruck, Niederschlag und Meeresoberflächentemperatur im äquatorialen Pazifik mit einer unregelmäßigen Periode von 2 bis 10 Jahren. Der genaue Mechanismus der Wechselwirkung ist allerdings noch unklar, und wahrscheinlich spielt bei Erdrotationsschwankungen mit Perioden zwischen 2 und 10 Jahren auch die Kern-Mantel-Kopplung, die für die dekadischen Fluktuationen verantwortlich ist, eine gewisse Rolle.

Einen nur geringen Einfluß auf die jahreszeitlichen Änderungen der Tageslänge haben dagegen die Massenumverteilungen zwischen Atmosphäre, Grundwasser und Ozeanen innerhalb eines Jahreszyklus. Obwohl z.B. wegen der asymmetrischen Landverteilung im Nordwinter und -frühling auf der Nordhalbkugel mehr Wasser in Form von Schnee und Eis gespeichert ist als im Südwinter auf der Südhalbkugel und sich auch die Meeresspiegel im Laufe des Jahres entsprechend ändern, sind die damit einhergehenden Schwankungen des Trägheitsmoments der Erde zu klein, um eine Rotationsratenänderung oberhalb des durch meteorologische Unregelmäßigkeiten verursachten Rauschens hervorrufen zu können. Auch jahreszeitlich schwankende Meeresströmungen (z.B. der zirkum-antarktische Strom) liefern Beiträge, die gegenüber denen der Windsysteme nur gering sind.

Hochfrequente Schwankungen

Erst seit in den fünfziger Jahren dieses Jahrhunderts zum erstenmal die präzise atomare Zeitskala zur Verfügung stand, wurde es möglich, auch hochfrequente Schwankungen der Erdrotationsrate mit Perioden zwischen 12 Stunden und 6 Monaten nachzuweisen. Dabei zeigten sich im Frequenzspektrum zwei ausgeprägte Linien bei 14 Tagen und bei 28 Tagen mit Amplituden in der Größenordnung von 0,1 – 0,2 ms (vgl. Bild 1.2), die mit dem Umlauf des Mondes in Zusammenhang stehen. Da die Erde kein starrer Körper ist, werden sowohl ihre feste Kruste als auch die Ozeane und die Atmosphäre durch die Gezeitenkräfte des Mondes und in geringerem Maße durch die der Sonne verformt. Damit ändert sich das Trägheitsmoment der Erde in Abhängigkeit von den relativen Positionen von Mond und Sonne und als Folge davon auch ihre Drehrate. Die Gezeitenverformungen der festen Erde verursachen aber auch eine Verschiebung der Meridiane, die als Bezugspunkte für die astronomischen Beobachtungen dienen. Diese Störungen der Beobachtungspositionen, die eine Änderung der Tageslänge vortäuschen können, müssen bei der Auswertung der Daten berücksichtigt werden.

Mit der Einführung neuer Beobachtungsmethoden gelang es, noch weitere Linien im hochfrequenten Teil des Erdrotationsspektrums nachzuweisen. Als Anfang der siebziger Jahre Oszillationen der Zonenwinde im äquatorialen Pazifik mit Perioden um die 50 Tage entdeckt wurden, suchte man sofort nach Schwankungen der Tageslänge in diesem Frequenzbereich, die damit in Zusammenhang stehen könnten. Tatsächlich waren Fluktuationen mit Perioden zwischen 40 und 60 Tagen und einer maximalen Amplitude von 0,25 ms zu sehen (vgl. Bild 1.2). Sie sind ziemlich unregelmäßig und schwanken von Jahr zu Jahr sowohl in Amplitude als auch in Periode. Innerhalb der gemessenen Genauigkeit lassen sie sich aber durch meteorologische Beiträge erklären.

1.3 Messung der Erdrotationsschwankungen

Ein paar Bemerkungen zu den Meßtechniken und den zu beachtenden Fehlerquellen sollen die gewaltige Arbeit andeuten, die derartig genaue astronomische Messungen erfordern.

Klassische astronomische Beobachtungen und Referenzzeit

Allen bisher zur Verfügung stehenden Methoden zur Präzisionsmessung der Erdrotation ist gemeinsam, daß sie die Bewegung der Erde auf ein äußeres Inertialsystem, nämlich das des Fixsternhimmels, beziehen. Das Prinzip der Messung ist folgendes: Die Zeit, die zwischen zwei aufeinanderfolgenden Meridiandurchgängen eines Sterns verstreicht, wird mit einer sehr genauen Referenzzeit verglichen. Die astronomische Messung geschieht mit speziell dafür konstruierten besonders präzisen und stabilen Teleskopen. Diese sogenannten Meridiankreise sind genau in Nord-Süd-Richtung justiert und können nur längs des örtlichen Mittagsmeridians bewegt werden. Die Bestimmung der Tageslänge erfordert also zwei voneinander unabhängige Elemente: einerseits die astronomische Beobachtung eines Sterndurchgangs und andererseits die Verfügbarkeit eines präzisen und über möglichst lange Zeiten stabilen Frequenzstandards.

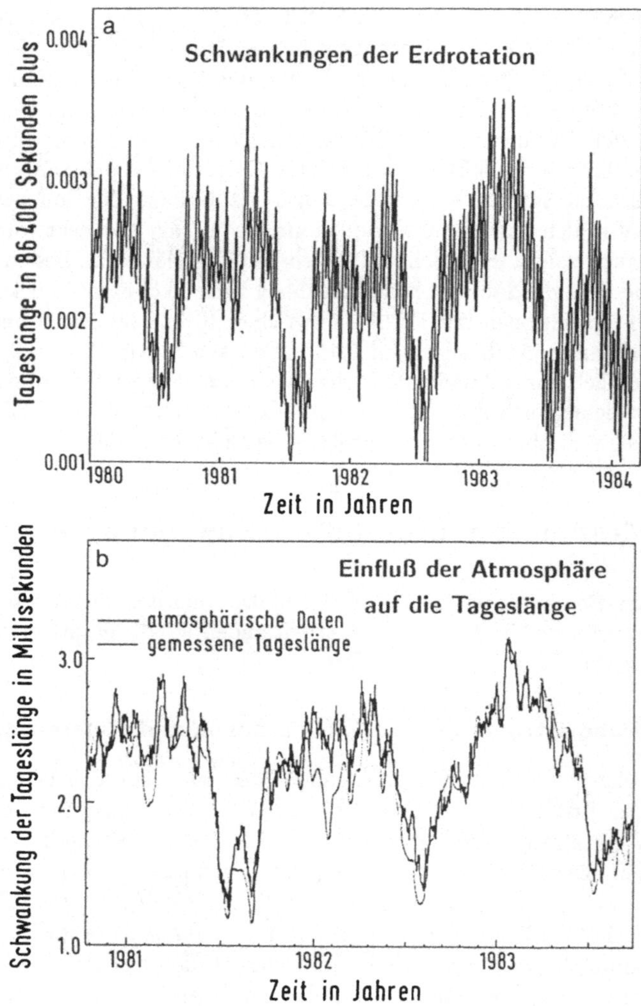

Bild 1.2 Die Schwankungen der Tageslänge (a) (nach Eubanks vom Jet Propulsion Laboratory). Man erkennt deutlich 14tägige und monatliche durch die Mondgezeiten verursachte Perioden sowie halbjährige und ganzjährige Perioden. Die nach Abzug der gezeitenbedingten Anteile verbleibenden Schwankungen (punktierte Kurve in b) werden zu etwa 90 % durch Drehimpulsänderung der Erdatmosphäre verursacht (durchgezogene Kurve in b) (nach Eubanks, Dickey und Steppe).

Da die Schwankungen der Tageslänge nur von der Größenordnung 10^{-8} sind, ist es notwendig, viele Sterne mit vielen Instrumenten nächtelang zu beobachten, um ein Signal oberhalb des Rauschens zu erhalten. Außerdem müssen sorgfältig systematische Effekte bedacht und korrigiert werden, wie etwa die Aberration, d. h. die Verschiebung der scheinbaren Fixsternörter, die durch den Umlauf der Erde um die Sonne und die endliche Lichtgeschwindigkeit entsteht (vgl. dazu Abschnitt 2.3) oder die Präzession, die Grob- und Feinnutation, verursacht durch Drehmomente von Sonne, Mond und Planeten am Äquatorwulst der Erde, um nur einige zu nennen.

Auf diese Weise wird die integrierte Zeit bestimmt, die die Erde innerhalb von einigen Tagen im Vergleich zur Referenzzeit „vor-" bzw. „nachgeht". Bei einer Beobachtungszeit von mehreren Tagen bis Wochen und bei einem Netz von 50 Beobachtungsstationen läßt sich mit diesen konventionellen astrometrischen Methoden die Tageslänge auf etwa 1,5 ms genau bestimmen. Die Unsicherheit des Frequenzstandards kann dabei heute völlig vernachlässigt werden. Wie bereits erwähnt, waren dagegen noch zu Beginn dieses Jahrhunderts auch die besten Uhren so ungenau, daß die Erdrotation als konstant galt (wenn man einmal von ihren sehr langperiodischen Änderungen absieht). Die Drehung der Erde diente damals sinnvollerweise als Zeitstandard, und die Uhren hatten nur die Funktion, den Tag in praktische Zeitabschnitte zu unterteilen.

Erst mit Hilfe von Quarzuhren gelang es, die jährlichen Schwankungen der Erdrotation zu bestätigen und halbjährliche zu sehen. Auch monatliche und 14tägliche Schwankungen wurden bereits um 1950 vermutet. Ein Problem der Quarzuhren ist allerdings, daß ihre sehr hohe Frequenzstabilität wegen der Alterung des Kristalls nur über kurze Zeiten bis zu einem Jahr erhalten bleibt. Überdies ist ihre Resonanzfrequenz sehr empfindlich gegenüber äußeren Einflüssen. Mit der Einführung der Atomuhren 1955 standen dann Zeitgeber zur Verfügung, die auch über lange Zeiten extrem stabil und außerdem ziemlich unempfindlich gegen Temperaturänderungen und Umgebungseinflüsse waren. Mit einer Frequenzstabilität von $2 \cdot 10^{-13}$ pro Jahr ist der heute für die atomare Zeitskala benutzte Cäsiumstandard eine wesentlich genauere Uhr als die Erde. Schwankungen der Erdrotation in allen Frequenzbereichen können damit zuverlässig nachgewiesen werden, und die Unsicherheit in der Bestimmung der Tageslänge ist allein durch den astrometrischen Teil der Messung gegeben.

Neue Beobachtungstechniken

Für klassische astronomische Beobachtungsmethoden liegt, wie oben erwähnt, die Grenze der erreichbaren Genauigkeit bei ungefähr 1,5 ms bei Tagen bis Wochen. Um die Parameter der Erdrotation mit noch höherer Präzision bestimmen und gleichzeitig die erforderlichen Beobachtungszeiten verkürzen zu können, werden seit einigen Jahren neue Techniken angewandt, die hier kurz beschrieben werden sollen.

Beim *satellite laser ranging* (SLR) wird mit Hilfe eines Lasers der Abstand zu einem künstlichen Erdsatelliten, z.B. LAGEOS, gemessen. Dazu wird ein Laserpuls von der Erde ausgesandt und von Retroreflektoren (Winkelprismen) am Satelliten zum Ausgangspunkt zurückreflektiert. Aus der Laufzeit des Pulses läßt sich die Entfernung des Satelliten auf wenige Zentimeter genau bestimmen. Ursprünglich wurde diese Methode entwickelt, um Informationen über das Gravitationsfeld der Erde zu gewinnen. Schwankungen der Erdrotation erscheinen bei diesen Präzisionsmessungen als Störungen, die aus den gesammelten Daten herausgefiltert werden können. Obwohl die Unterscheidung von anderen Effekten wie der genauen Form des Gravitationsfeldes, der Luftreibung und des Strahlungsdrucks auf den Satelliten schwierig ist, leistet SLR heute einen wichtigen Beitrag zur Bestimmung der Polposition und der Tageslänge.

Als eine weitere neue Methode für die Messung der Tageslänge wird *lunar laser ranging* (LLR) verwendet. Es beruht auf demselben Prinzip wie SLR nur mit dem Unterschied, daß sich die Retroreflektoren, abgesetzt von den Apollo-Astronauten, auf dem Mond befinden. Eigentlich entwickelt zum genauen Studium der Mondbewegung, erfordert auch LLR eine sorgfältige und komplizierte Analyse aller Störfaktoren, wobei dann auch die Tageslänge mitbestimmt wird.

Die heute wichtigste und auch genaueste Methode zur Messung der Tageslänge stellt die Radiointerferometrie auf langen Basislinien oder *Very Long Baseline Interferometry* (VLBI) dar. Mehrere Radioantennen im Abstand von Tausenden von Kilometern beobachten dabei kompakte extragalaktische Radioquellen, die sogenannten Quasare. Durch die Differenz in der Ankunftszeit der Signale von derselben Quelle an verschiedenen Antennen läßt sich die Position des Quasars mit hoher Winkelauflösung messen. Gleichzeitig kann die Orientierung der Basisvektoren, die jeweils zwei Antennen miteinander verbinden, relativ zum Referenzsystem der Quasare bestimmt werden. Schwankungen der Erdrotation lassen sich so sehr genau nachweisen.

Im Unterschied zur konventionellen Interferometrie arbeiten bei VLBI die Elemente des Interferometers, die Radiostationen, völlig unabhängig voneinander. Mit Hilfe von Zeit- und Frequenzstandards mit hoher Stabilität (10^{-12} oder besser), die an jeder Station auf das Magnetband mit aufgezeichnet werden, ist eine Beobachtung ohne Echtzeitverbindung zwischen den Stationen möglich. So werden seit Anfang 1984 wöchentlich mit 4–5 großen Radioteleskopen 24 Stunden lang 15–20 über die Himmelssphäre verteilte Quasare angemessen und die Signale an jeder Station breitbandig aufgezeichnet. Später werden die Daten von den verschiedenen Antennen zusammengebracht und in einer komplizierten, zeitaufwendigen Analyse auf Korrelationen untersucht. Die Ergebnisse für die Parameter der Erdrotation liegen dann nach ein bis zwei Monaten vor. Mit einer Datenaufnahme von einer bis zu einigen Stunden wird eine Genauigkeit der Tageslängenmessung von 0,1 ms erreicht. Diese Meßgenauigkeit bedeutet bei einer Umfangsgeschwindigkeit von etwa 300 m/s in den mittleren Breiten der Teleskopstandorte die Bestimmung einer Umdrehung mit einer Genauigkeit von drei Zentimetern auf der Erdoberfläche. Dieselbe Genauigkeit erreicht man auch bei der Bestimmung der Rotationspole, d.h., man kann auf drei Zentimeter genau sagen, wo die momentanen Durchstoßpunkte der Erdrotationsachse liegen.

Nach diesem kleinen Exkurs über die Erdrotation wollen wir uns jetzt mit der astronomischen Zeitmessung und der Definition der Zeiteinheit, nämlich der Sekunde, befassen.

1.4 Astronomische Zeitmessung und Definition der Zeiteinheit

In allen Zeiten war die Sonne die Uhr der Menschen. Mit ihrem Aufgehen begann der Tag und mit ihrem Untergang endete er. Im Sommer wie im Winter wurde der Tag in zwölf Stunden eingeteilt, wobei die Sommertagesstunden natürlich länger waren als die Wintertagesstunden. Mittag war, wenn die Sonne am höchsten stand, wenn sie durch den Meridian ging, kulminierte. Zur Stundenbestimmung wurde die Sonnenuhr verwendet. Ein ganzer Sonnentag dauert von einem Meridiandurchgang der Sonne bis zum nächsten.

So, wie man die Kulmination der Sonne (etwa mit einer Sonnenuhr) beobachten kann, so läßt sich auch der Meridiandurchgang eines Fixsterns bei Nacht bestimmen. (Als primitives Beobachtungsgerät kann man etwa eine Zielvorrichtung mit Kimme und Korn benutzen, die genau in Nord-Süd-Richtung aufgestellt ist.) Ein Sterntag ist somit die Zeit von einem Meridiandurchgang eines bestimmten Fixsterns (z. B. des Sirius) bis zum nächsten.

Da sich die Erde zusätzlich zu ihrer Rotation noch einmal im Jahr um die Sonne bewegt, im gleichen Umlaufsinn wie ihre tägliche Rotation, kulminiert der Fixstern in einem Jahr einmal mehr als die Sonne. Der Sonnentag ist also um ca. 1/365 Tag $\approx$ 4 Minuten länger als der Sterntag. Man kann die Zeiteinteilung entweder nach der täglichen Bewegung der Sonne oder nach der der Fixsterne vornehmen und unterscheidet danach Sonnenzeit und Sternzeit. Der Sterntag wird ebenso wie der Sonnentag (bürgerlicher Tag) in 24 Stunden geteilt, nur sind die Sternstunden, Sternminuten und Sternsekunden kürzer als die gleichen Einheiten in Sonnenzeit.

Um Zeitangaben, ob in Sonnen- oder Sternzeit, miteinander vergleichen zu können, brauchen wir außer der Länge des jeweiligen Tages noch die Definition des Tagesbeginns. Beim Sonnentag bieten sich vier Möglichkeiten, die tatsächlich alle in verschiedenen Kulturkreisen benutzt wurden: Mitternacht, Sonnenaufgang, Mittag, Sonnenuntergang. Die Römer begannen den Sonnentag wie wir um Mitternacht, die Babylonier mit Sonnenaufgang, die Araber – wie es auch in der Astronomie und der Nautik bis 1925 geschah – mit dem Mittag, die Griechen mit Sonnenuntergang. Als Beginn des Sterntags rechnet man nicht die Kulmination eines beliebigen Sterns, sondern die des sog. Frühlingspunktes.

Der Frühlingspunkt ist einer der beiden Schnittpunkte, den der Himmelsäquator (= Projektion des Erdäquators vom Erdmittelpunkt aus auf den Fixsternhimmel) mit der Ekliptik (= scheinbare Sonnenbahn am Fixsternhimmel, um einen bestimmten Winkel gegen den Himmelsäquator geneigt, zur Zeit 23,44°) bildet, und zwar der, in dem die Sonne von Süden kommend (auf der Ekliptik) den Äquator nach Norden überschreitet. Dieser Punkt ist am Himmel nicht durch irgendein direkt beobachtbares Zeichen markiert, außer eben einmal im Jahr beim Durchgang der Sonne durch den Himmelsäquator. Bereits der Grieche Hipparch (2. Jh. v. Chr.) erkannte, daß die Lage des Frühlingspunktes veränderlich ist; er wandert auf der Ekliptik langsam nach Westen, dem jährlichen Sonnenlauf entgegen. Diese Präzession des Frühlingspunktes rührt davon her, daß die Erdachse langsam – in etwa 26 000 Jahren – einen Kegelmantel mit näherungsweise gleichbleibendem Öffnungswinkel beschreibt. Die Ursache der Präzession ist die Anziehung von Sonne, Mond und Planeten auf den Äquatorwulst der abgeplatteten Erde.

Da die durch die Erddrehung verursachte scheinbare Rotation der Himmelskugel und auch die Präzession des Frühlingspunktes bis auf die diskutierten geringfügigen Störungen gleichmäßig ablaufen und die Sterne fest an diesem rotierenden Himmel stehen, sind die Zeiträume zwischen zwei aufeinanderfolgenden Kulminationen, also die Sterntage, praktisch gleich. Dagegen ist die Länge des Sonnentags weit weniger konstant. Die wichtigsten Ursachen dafür sind:

1. Die Bahngeschwindigkeit der Erde ist unterschiedlich, da die Erdbahn um die Sonne kein Kreis, sondern eine Ellipse ist, in deren einem Brennpunkt die Sonne steht. Als Folge davon sind die Sonnentage (Zeit zwischen zwei aufeinanderfolgenden Meridiandurchgängen der Sonne) um das Perihel (bei uns auf der nördlichen Halbkugel im Winter) länger als um das Aphel (im Sommer).

2. Durch die Neigung der Äquatorebene gegen die Erdbahnebene sind die Sonnentage im Frühjahr und im Herbst kürzer und um die Zeit der Sonnenwenden länger als im Durchschnitt.

Für eine genaue Zeitmessung ist diese Veränderlichkeit des wahren Sonnentages sehr ungeeignet. Der Ausweg, die gleichförmig ablaufende Sternzeit zur Zeiteinteilung zu benutzen, ist nur für die astronomische Beobachtungspraxis gangbar. Das bürgerliche Leben muß sich nach der Sonne richten.

Darum orientiert man sich jetzt an einer sog. „fiktiven mittleren Sonne". Diese fiktive Sonne legt mit konstanter Geschwindigkeit in einem „tropischen" Jahr von 365,24220 Tagen den Umlauf von Frühlingspunkt zu Frühlingspunkt zurück; sie ist astronomisch nicht zu beobachten. Die mittlere Sonnenzeit läßt sich aber aus der beobachteten wahren Sternzeit streng ableiten. Die Meridiandurchgänge dieser mittleren Sonne, die sog. mittleren Mittage, folgen nach genau $24^h\,0^m\,0^s$ mittlerer Sonnenzeit und bestimmen damit den mittleren Sonnentag. Trotzdem bleibt der mittlere Sonnentag noch immer den Rotationsschwankungen der Erde unterworfen. Man legt ja der Zeitmessung die tägliche Kulmination der (mittleren) Sonne zugrunde – also die Erdrotation – und definiert dann als Zeiteinheit die Sekunde als den 86 400ten Teil des mittleren Sonnentages.

Nun haben auch die Astronomen versucht, bei der Festlegung ihrer Zeitskala (durch Beobachtungen der Himmelskörper) von den Schwankungen der Erdrotation loszukommen. Sie nehmen jetzt als Zeitmaß den Umlauf der Erde um die Sonne, die sog. Ephemeridenzeit. Die Zeiteinheit, 1 (Ephemeriden-)Sekunde, muß auf ein Jahr bezogen werden. Im September 1956 wurde in Paris die Ephemeridensekunde als Zeiteinheit definiert:

1 Ephemeridensekunde ist der 31 556 925,9747te Teil des tropischen Jahres 1900, ab 1. Januar 12 Uhr Ephemeridenzeit.

Da sich die Sekunde der mittleren Sonnenzeit allmählich ändert (Abbremsung durch Gezeitenreibung, Schwankungen der Erdrotation etc.), muß für einen bestimmten Zeitpunkt T eine mit der Zeit wachsende Differenz zwischen den Angaben nach Ephemeridenzeit und mittlerer Sonnenzeit auftreten. Diese Differenz ΔT, die zur jeweils beobachteten mittleren Sonnenzeit (Weltzeit) addiert die Ephemeridenzeit ergibt, kann dargestellt werden durch die Gleichung

$$\Delta T = +24{,}349\,\mathrm{s} + 72{,}318\,T\,\mathrm{s} + 29{,}950\,T^2\,\mathrm{s} + B \quad . \tag{1.1}$$

Dabei wird T in Jahrhunderten ab 1. Januar 1900, 12 Uhr gezählt. Die beiden ersten Glieder dieser Gleichung bewirken für die Gegenwart eine möglichst gute Angleichung der Länge des Ephemeridentages an den mittleren Sonnentag; das dritte Glied bezeichnet die durch die Gezeitenreibung verursachte Verlängerung des mittleren Sonnentages; die Größe B bezeichnet die Fluktuationen der Erdrotation ($\approx \pm 40\,\mathrm{s}$). Die genaue Bestimmung der Ephemeridenzeit erfordert die Auswertung von vielen astronomischen Beobachtungen und ist sehr aufwendig und langwierig.

Eine noch größere Genauigkeit als mit der Ephemeridenzeit und vor allem eine sofortige Verfügbarkeit läßt sich mit den Atomuhren realisieren. Darum wurde im Oktober 1964 auf der 12. Generalversammlung für Maße und Gewichte vorgeschlagen, als Zeiteinheit die atomphysikalische Skala einzuführen. Jahrelange sehr genaue Messungen ergaben, daß während der Dauer einer Ephemeridensekunde $9\,192\,631\,770 \pm 10$ Perioden der Strahlung, die beim Übergang zwischen den Niveaus (F, m_F): $(4, 0) \leftrightarrow (3, 0)$ des Cäsiumisotops 133 entsteht, gezählt werden. Auf der 13. Generalversammlung für Maße und Gewichte im Okto-

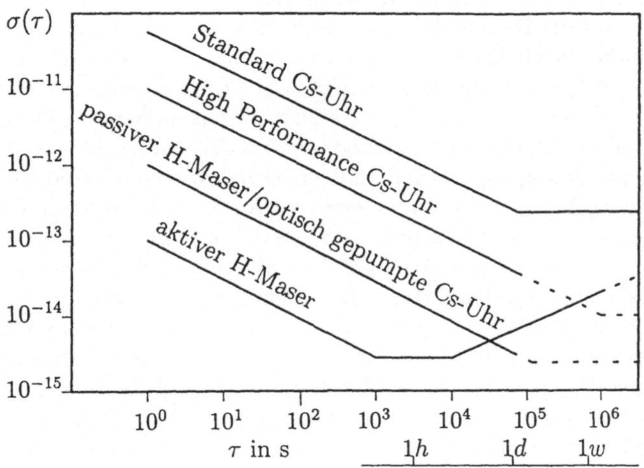

Bild 1.3 Relative Genauigkeiten $\sigma(\tau)$ moderner Frequenznormalen in Abhängigkeit von der Meßzeit τ

ber 1967 wurde dann endgültig die Neudefinition der (Atom-)Sekunde beschlossen:

> *Die Sekunde ist das 9 192 631 770-fache der Periodendauer der dem Übergang zwischen den beiden Hyperfeinstrukturniveaus des Grundzustandes von Atomen des Nuklids ^{133}Cs entsprechenden Strahlung.*

Die Wellenlänge der benutzten Cäsiumstrahlung mit dieser Frequenz ($\nu = 9\,192\,631\,770$ Hz) ist $\lambda = 3,26125$ cm. Die Atomsekunde läßt sich heute mit einer relativen Genauigkeit von 10^{-12} bis 10^{-14} bestimmen, also um einige Größenordnungen genauer als die astronomisch definierte Zeiteinheit. Die erreichbare relative Genauigkeit hängt allerdings von dem betrachteten Zeitintervall ab; den Stand der Technik zeigt Bild 1.3.

Man beachte, eine relative Genauigkeit von 10^{-13} bedeutet, daß eine Cäsiumatomuhr erst in 300 000 Jahren einen Fehler von einer Sekunde aufweisen würde. Allerdings bedeutet dies auch, daß in 3 Jahren die Gangfehler 10 Mikrosekunden betragen können, und dadurch entsteht die Möglichkeit, daß bei Zeitskalen von Jahren bis Jahrzehnten doch wieder astronomische Beobachtungen die größere Zeitstabilität liefern. Diese besonders guten und genau abzulesenden astronomischen Uhren sind die Radiopulsare, also schnell rotierende Neutronensterne, deren sehr stabile Rotationsperioden mit Hilfe der leuchtturmartig ausgesandten Radiostrahlung extrem genau vermessen werden können.

Bei den heute erreichten Genauigkeiten müssen bereits allgemeinrelativistische Effekte berücksichtigt werden. Die Gangrate einer Uhr ist von ihrem Bewegungszustand und vom Gravitationspotential abhängig, deshalb reicht die obige Sekundendefinition für die praktische Realisierung einer Atomzeitskala nicht aus. Im Jahre 1971 kam es zur Definition der Internationalen Atomzeitskala, die mit TAI (Temps Atomique International) abgekürzt wird. Als Anfangspunkt wurde der 1. Januar 1958, 0 Uhr Weltzeit gewählt; als Skalenmaß diente die definierte Atomsekunde, so wie sie von Uhren in Meereshöhe realisiert wird. (Ab 1. Januar 1977 wurde die TAI-Frequenz um -10^{-12} korrigiert.) Gegenwärtig basiert die TAI-Berechnung auf der Mittelung der lokalen Zeitskalen von etwa 150 global verteilten Cäsiumatomuhren. Damit die Atomzeit und die an die Erddrehung gekoppelte Weltzeit aufgrund der Erdrotationsschwankungen nicht auseinanderlaufen, werden seit 1972 Schaltsekunden eingeführt. Die TAI wird durch Uhren auf der Erdoberfläche angezeigt. Für astronomische Zwecke verwendet man heute eine Zeitskala, die sich auf ein rotationsfreies, im Schwerpunkt des Sonnensystems ruhendes Koordinatensystem bezieht (TDB), also die Anzeige einer fiktiven Atomuhr, die sich in einem gravitationsfreien Raum befindet und die relativ zum Schwerpunkt des Sonnensystems ruht. Der Zusammenhang zwischen TDB und TAI ist kompliziert, aber wohldefiniert.

Wir haben das Problem der Zeitmessung herausgegriffen und gezeigt, wie sie unter dem Gesichtspunkt, daß die Naturgesetze möglichst einfache Formen bekommen, iterativ zu immer genaueren Meßmethoden geführt hat. Dabei haben wir die Zeit für sich allein behandelt. In Wirklichkeit waren natürlich stets das Problem der Zeitmessung und der Raummessung miteinander verkoppelt (z. B. Längenmessung mit Radar usw.), ebenso wie die Einführung eines Koordinatensystems. Diese Probleme wurden wiederum wechselseitig iterativ in dem Sinne verbessert, daß die physikalischen Gesetze, und zwar alle, möglichst einfach werden.

1.5 Längenmessung und der Wert der Lichtgeschwindigkeit

Die Längenmessung erscheint auf den ersten Blick weniger problematisch als die Zeitmessung. Man stellt sich eben vor, wie man es in der Experimentalphysik lernt, daß man die zu messende Länge mit einem Einheitsmaßstab vergleicht und die Länge in Vielfachen dieser Einheit angibt. Das Problem ist also hier die genaue Definition der Einheitslänge.

Die alte Meterdefinition

Nachdem es sich zunehmend als unpraktischer erwies, daß fast jede Zunft ihre eigene Längeneinheit besaß und diese Spannen, Ellen, Füße, Klafter, nautischen Meilen, Landmeilen usw. auch noch örtlich verschieden waren, hat man sich 1875 im Staatsvertrag der Meterkonvention darauf geeinigt, den 40millionsten Teil der Länge eines Erdmeridians als Längeneinheit zu definieren und in Form eines Platin-Iridium-Maßstabs – *das Urmeter* – im Bureau International des Poids et Mesures in Sèvres zu hinterlegen. Duplikate mit möglichst der gleichen Länge wurden für die Eichämter der anderen Länder hergestellt. Als die Genauigkeit von einigen 10^{-7} m und vor allem die Reproduzierbarkeit dieser Definition der Länge für die immer präziseren Messungen in der Physik nicht mehr ausreichte, wurde 1960 von der 11. Generalkonferenz für Maße und Gewichte beschlossen, das Meter als das 1 650 763, 73fache der Wellenlänge der orangefarbigen Spektrallinie des Kryptonisotops ^{86}Kr (Übergang $5d_5 \rightarrow 2p_{10}$) zu definieren. Diese Festsetzung hat den großen Vorteil, daß die Längeneinheit damit in jedem Labor verhältnismäßig einfach mit hoher Genauigkeit reproduzierbar ist. Die erreichbare relative Genauigkeit liegt bei $\pm 4 \cdot 10^{-9}$. Bevor wir die heutige Meterdefinition besprechen können, müssen wir uns mit der Lichtgeschwindigkeit beschäftigen.

Die Lichtgeschwindigkeit

Im weiteren wird die Lichtausbreitung und auch der Wert der Lichtgeschwindigkeit selbst eine wichtige Rolle spielen. Es sollen deshalb hier einige Meßmethoden erwähnt und der genaue Wert für c angegeben werden.

Aufgrund astronomischer Beobachtungen entdeckte und maß Olaf Römer als erster bereits 1675 die Endlichkeit der Lichtgeschwindigkeit. Die Zeit zwischen zwei aufeinanderfolgenden Verfinsterungen eines bestimmten Jupitermondes (Io), die während seines Umlaufs durch seinen Eintritt in den Schatten des Jupiters verursacht werden, beträgt 42,5 Stunden. Man mißt nun genau den Zeitpunkt der Verfinsterung, wenn die Erde auf ihrer Bahn um die Sonne dem Jupiter am nächsten steht (Position E_1 in Bild 1.4).

Nach Ablauf eines halben Jahres sind etwa 103 Verfinsterungen einander gefolgt. Man kann vorausberechnen, wann die 104. Verfinsterung eintreten wird. Die beobachtete Verfinsterung tritt jedoch etwa 1000 Sekunden später ein als berechnet. Inzwischen hat sich nämlich die Erde von E_1 nach E_2 bewegt, ist also vom Jupiter um einen Erdbahndurchmesser, also um 300 Millionen Kilometer, weiter entfernt. Die Verfinsterung ist um die Zeit verzögert, die das Licht braucht, um diese Strecke zu durchlaufen, woraus folgt:

$$c = 3 \cdot 10^8 \, \text{km}/1\,000\,\text{s} = 3 \cdot 10^8 \, \text{m/s} \quad . \tag{1.2}$$

(Olaf Römer fand als Wert für die Lichtgeschwindigkeit 227 000 km/s.) Auch bei den späteren Versuchsanordnungen, wie der Zahnradmethode von Fizeau und der Drehspiegelmethode von Foucault, wird die Lichtgeschwindigkeit dadurch gemessen, daß die Zeitdauer bestimmt wird, die ein Lichtsignal zum Zurücklegen einer bestimmten Strecke benötigt.

Die neueren und sehr genauen Messungen von c gehen von der Beziehung

$$c = \lambda \cdot \nu \tag{1.3}$$

aus. So bestimmte ein Team von Wissenschaftlern (Barger, Danielson, Day, Hall, Peterson, Wells) 1972 in Boulder, Colorado, möglichst genau die Wellenlänge λ und unabhängig davon die Frequenz ν eines methanstabilisierten He-Ne-Lasers. Den Wert der Wellenlänge erhielt man durch Vergleich mit der der Meterdefinition zugrundegelegten ^{86}Kr-Linie. Zur Bestimmung der Schwingungsdauer des Laserlichts diente

Gegen ein Inertialsystem ist auch die Bahn jedes sich selbst überlassenen Massenpunktes geradlinig. Unser System im Schwerpunkt des Sonnensystems ist dann in ausgezeichneter Näherung ein solches Inertialsystem; wie gut, muß die Beobachtung zeigen. Die moderne Astronomie stellt jedoch bereits noch höhere Anforderungen; das hat zu einer weiteren Annäherung an ein Inertialsystem geführt. Dazu werden die Eigenbewegungen von etwa 1000 am Himmel gleichverteilten Fixsternen so genau wie möglich verfolgt (Fundamental-Katalog). Unter Annahme statistisch verteilter Eigenbewegungen läßt sich die „wirkliche" Eigenbewegung der Sonne ermitteln. Sie läuft in ca. 220 Millionen Jahren einmal um den Schwerpunkt unserer Milchstraße. Ein im Schwerpunkt der Milchstraße ruhendes, relativ zu den anderen Galaxien sich nicht drehendes Koordinatensystem ist augenblicklich (und wahrscheinlich für lange) das beste Inertialsystem. Die Achsen dieses Inertialsystems werden seit einigen Jahren durch die bereits erwähnten routinemäßigen VLBI-Beobachtungen von Quasaren mit einer Richtungsgenauigkeit von einer Millibogensekunde realisiert. (Man bedenke: Eine Millibogensekunde ist der Winkel, unter dem man einen Millimeter aus 200 Kilometer Entfernung sieht!)

2 Experimentelle Befunde

Es gibt eine große Anzahl von Experimenten, die sich mit der Lichtausbreitung, der Bestimmung eines bevorzugten, relativ zum hypothetischen Lichtäther ruhenden Koordinatensystems und mit ähnlichen Problemen befaßt haben. All diese Experimente, ihre Deutungsversuche, deren Widerlegungen usw. haben letzten Endes 1905 durch Albert Einstein zur „Speziellen Relativitätstheorie" geführt. Es soll hier natürlich nicht über alle Experimente und den ganzen im Zick-Zack verlaufenen Weg berichtet werden, sondern nur mit Hilfe einiger wesentlicher Experimente die Richtung angedeutet werden, in der die Entwicklung verlaufen ist. Heute ist die spezielle Relativitätstheorie eine der experimentell am genauesten bestätigten physikalischen Theorien. Wer sich über den aktuellen Stand der experimentellen Überprüfung sowohl der speziellen als auch der allgemeinen Relativitätstheorie genau informieren möchte, sei auf das Buch von Will (1993) und auf das von Soffel und Ruder (1993) verwiesen.

Da es für die Beschreibung der folgenden Experimente und für das weitere Verständnis wichtig ist, werden wir uns zunächst einmal mit dem Relativitätsprinzip der klassischen Mechanik beschäftigen.

2.1 Das Relativitätsprinzip der klassischen Mechanik

Ein solches Relativitätsprinzip war schon Newtons Vorgängern bekannt. Wir untersuchen dazu die klassischen Bewegungsgleichungen eines Systems von n Massenpunkten mit einem nur von den gegenseitigen Abständen r_{jk} abhängigen Potential $\Phi(r_{jk})$

$$m_i \ddot{\boldsymbol{r}}_i = -\operatorname{grad}_i \Phi(r_{jk}) \quad . \tag{2.1}$$

Betrachten wir die Massenpunkte von einem Koordinatensystem aus, das sich mit der konstanten Geschwindigkeit v gegen das erste bewegt, dann bestehen zwischen den Koordinaten die Zusammenhänge

$$x_i' = x_i - v_x t \tag{2.2a}$$

$$y_i' = y_i - v_y t \tag{2.2b}$$

$$z_i' = z_i - v_z t \tag{2.2c}$$

$$t' = t \quad . \tag{2.2d}$$

Dieser Zusammenhang (2.2) heißt *Galilei-Transformation*. Die Zeit t bleibt dabei unverändert und ist in diesem Sinne „absolut" und in beiden Systemen gleich. Es gibt also nur eine in allen mit konstanter Geschwindigkeit relativ zueinander bewegten Koordinatensystemen gleiche Zeit. Man sieht durch zweimalige Differentiation von (2.2a-c) nach t sofort $\ddot{x}_i' = \ddot{x}_i$, $\ddot{y}_i' = \ddot{y}_i$, $\ddot{z}_i' = \ddot{z}_i$ und damit

$$\ddot{\boldsymbol{r}}_i' = \ddot{\boldsymbol{r}}_i \quad . \tag{2.3}$$

Weiter ist

$$\frac{\partial}{\partial x_i} = \frac{\partial x_i'}{\partial x_i}\frac{\partial}{\partial x_i'} + \frac{\partial y_i'}{\partial x_i}\frac{\partial}{\partial y_i'} + \frac{\partial z_i'}{\partial x_i}\frac{\partial}{\partial z_i'} + \frac{\partial t'}{\partial x_i}\frac{\partial}{\partial t'} = \frac{\partial}{\partial x_i'} \quad ,$$

da nach (2.2) gilt:

$$\frac{\partial x_i'}{\partial x_i} = \frac{\partial}{\partial x_i}(x_i - v_x t) = 1, \quad \frac{\partial y_i'}{\partial x_i} = \frac{\partial z_i'}{\partial x_i} = \frac{\partial t'}{\partial x_i} = 0 \quad .$$

Analog findet man $\frac{\partial}{\partial y_i} = \frac{\partial}{\partial y_i'}$, $\frac{\partial}{\partial z_i} = \frac{\partial}{\partial z_i'}$ und damit allgemein

$$\text{grad}_i = \text{grad}_i' \quad . \tag{2.4}$$

Wie man ganz einfach nachrechnet, bleiben auch die gegenseitigen Abstände bei der Transformation (2.2) unverändert

$$\begin{aligned}
r_{jk} &= \sqrt{(x_j - x_k)^2 + (y_j - y_k)^2 + (z_j - z_k)^2} \\
&= \left[(x_j' + v_x t - x_k' - v_x t)^2 + (y_j' + v_y t - y_k' - v_y t)^2 \right. \\
&\quad \left. + (z_j' + v_z t - z_k' - v_z t)^2\right]^{\frac{1}{2}} \\
&= \sqrt{(x_j' - x_k')^2 + (y_j' - y_k')^2 + (z_j' - z_k')^2} \\
&= r_{jk}' \quad .
\end{aligned} \tag{2.5}$$

Die Bewegungsgleichungen lauten damit im x'-y'-z'-System

$$m_i \ddot{\vec{r}}_i' = -\operatorname{grad}_i' \Phi(r_{jk}') \quad , \tag{2.6}$$

sie haben also die gleiche Form wie im x-y-z-System. Man sagt:

Die Newtonschen Bewegungsgleichungen der klassischen Physik sind invariant gegenüber Galilei-Transformationen.

Vom Standpunkt der klassischen Mechanik sind daher zwei durch eine Galilei-Transformation miteinander verknüpfte Koordinatensysteme vollkommen äquivalent. Das ist das Relativitätsprinzip der klassischen Mechanik. Im Rahmen der Newtonschen Mechanik ist es nicht möglich, durch mechanische Experimente zu unterscheiden, ob sich ein System in Ruhe befindet oder sich mit konstanter Geschwindigkeit bewegt. Solange man die gesamte Physik auf die Mechanik zurückführen wollte – und das war bis etwa 1900 der Fall –, mußte man dieses Relativitätsprinzip zwangsläufig auch auf alle anderen Zweige der Physik übertragen. Es zeigte sich aber, daß dieses Relativitätsprinzip in Bezug auf elektromagnetische Vorgänge nicht mehr gilt. Ein Lichtsignal, das sich in einem Koordinatensystem nach beiden Richtungen mit der gleichen Geschwindigkeit c ausbreitet, hätte in einem relativ dazu mit v bewegten Koordinatensystem die Geschwindigkeit $c+v$ oder $c-v$, je nach der Richtung, in der man die Lichtausbreitung beobachtet. Und gerade dieses Verhalten wurde durch Experimente eindeutig widerlegt.

2.2 Der Fizeau-Versuch über die Mitführung des Lichts in bewegten Körpern

Dieser Versuch wurde von H.L. Fizeau im Jahre 1851, von Michelson und Morley 1886 und mit besonderer Genauigkeit von P. Zeeman 1914–1922 an Flüssigkeiten durchgeführt.

Versuchsanordnung und experimentelles Ergebnis

Wie in Bild 2.1 skizziert, fällt ein Lichtstrahl der Quelle L auf die Glasplatte S_0, die mit einer halbdurchlässigen Metallschicht überzogen ist und so eine Zweiteilung des Lichtstrahls hervorruft. Der eine Teilstrahl läuft geradlinig weiter, bis er auf den Spiegel S_1 auftrifft. Der andere Strahl wird durch Reflexion um 90° abgelenkt und trifft auf S_3. Wie

skizziert, erreicht man schließlich durch einen dritten Spiegel S_2, daß
die beiden Strahlen ein Rechteck beschreiben, das jedoch von den beiden Strahlen in entgegengesetzter Richtung durchlaufen wird. Wenn
sie wieder in S_0 eintreffen, gelangt von beiden Strahlen ein Teil des
Lichtes zum Beobachter B.

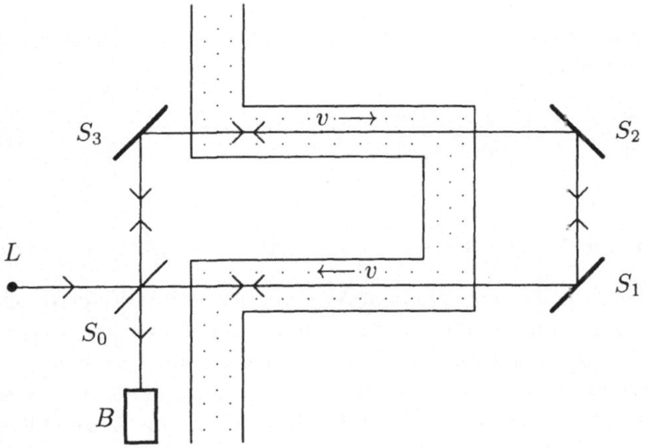

Bild 2.1 Versuchsanordnung von Fizeau zur Messung der Mitführung von Licht in
bewegten Körpern

Diese Interferenzanordnung erlaubt mit hoher Genauigkeit die Messung der Änderung der Lichtgeschwindigkeit in einem mit der Geschwindigkeit v bewegten Medium. Der eine Lichtstrahl läuft mit dem
Medium, der andere gegen das bewegte Medium, anschließend werden
beide zur Interferenz gebracht. Für $v = 0$ mißt der Beobachter im homogenen Medium (mit dem Brechungsindex n) als Lichtgeschwindigkeit c/n. Wäre nun das Relativitätsprinzip der klassischen Mechanik
allgemein gültig, so würde daraus folgen:

1. In jedem Inertialsystem, mit dem sich Lichtquelle, Versuchsauf-
   bau und Beobachter mitbewegen, mißt der Beobachter als Lichtgeschwindigkeit im Medium c/n.

2. Ein mit der Geschwindigkeit $\pm v$ in x-Richtung relativ zum Medium bewegter Beobachter (oder ein Beobachter, relativ zu dem

sich das Medium mit der Geschwindigkeit $\mp v$ bewegt, was für die Versuchsdurchführung natürlich viel praktischer ist) mißt für die Lichtgeschwindigkeit $c/n \pm v$.

Das zunächst überraschende Meßergebnis des Fizeau-Versuches ist:

$$c' = \frac{c}{n} \pm v\left(1 - \frac{1}{n^2}\right) = \frac{c}{n} \pm v\frac{\varepsilon - 1}{\varepsilon} \quad ; \quad \varepsilon = n^2 \quad . \qquad (2.7\text{a})$$

$\left(1 - \frac{1}{n^2}\right)$ heißt Fresnelscher Mitführungskoeffizient. Mit Dispersion lautet die Beziehung:

$$c' = \frac{c}{n} \pm v\left(1 - \frac{1}{n^2} + \frac{\omega}{n}\frac{dn}{d\omega}\right) \quad . \qquad (2.7\text{b})$$

Deutung des Fizeau-Versuchs mit Hilfe der „Äther-Theorie"

Das Ergebnis dieser sehr genauen Messung steht im Widerspruch zu den Folgerungen aus dem Relativitätsprinzip der klassischen Mechanik. Während eines halben Jahrhunderts betrachtete man diesen Versuch als unmittelbare Widerlegung jedes Relativitätsprinzips. Gleichzeitig wurde dieser Versuch als schlagender Beweis für das Vorhandensein des *ruhenden Äthers* angesehen. Bevor wir das begründen, noch ein paar Worte zum Äther.

Als nach 1800 das Licht als transversale Wellenbewegung erkannt war, brauchte man bei der damaligen Vorstellung, daß sich alles auf die Mechanik zurückführen läßt, für solche mechanischen Schwingungen einen materiellen Träger und führte daher, da das Licht auch durch das Vakuum hindurchgeht, eine allgegenwärtige, den ganzen Raum erfüllende Substanz, den Äther, ein. Dieser Äther bekam im Laufe der Zeit immer tollere Eigenschaften, damit keine Widersprüche auftraten; er durfte keine Gravitationswirkungen erleiden und ausüben, Bewegungen von Massen keinen Widerstand bieten, keine longitudinalen, sondern nur transversale Wellen ermöglichen usw.. Der entscheidende Punkt dieser Äthervorstellung war jedoch, daß der „in sich ruhende" Äther ein ausgezeichnetes Bezugssystem definierte, das man stets als Inertialsystem betrachtete, das aber für andere Inertialsysteme keine Gleichberechtigung zuließ. (Als man das Licht als elektromagnetische Schwingung erkannte, blieb die Vorstellung des Äthers weiterhin bestehen, er wurde eben der Träger dieser elektromagnetischen Schwingung.)

Der Versuch von Fizeau läßt sich nun mit Hilfe eines ruhenden Äthers wie folgt erklären:
Zunächst betrachten wir wieder den Fall $v = 0$, dann weiß man aus der klassischen Elektrodynamik, daß die gesamte Lichtfortpflanzung aus der Überlagerung einer einfallenden Vakuumwelle und den von den einzelnen Dipolen emittierten Kugelwellen besteht. Nimmt man weiter an, daß die Vakuumwelle von der Bewegung des Mediums überhaupt nicht beeinflußt wird (wieder eine komische Eigenschaft des Äthers, daß er zwar alle Materie gleichmäßig durchsetzt, von ihrer Bewegung aber nicht mitgenommen wird), die zu überlagernden Kugelwellen nunmehr aber von bewegten atomaren Dipolen emittiert werden, so liefert diese Zusammensetzung der ebenen Welle im ruhenden Äther und der an den bewegten Dipolen gestreuten Kugelwellen in der Tat quantitativ den beobachteten Mitführungskoeffizienten. Mit anderen Worten heißt das, daß nach dieser Theorie das Licht in einem bewegten durchsichtigen Medium teilweise durch das Medium und teilweise durch den Äther, der dieses durchdringt, verbreitet wird. Da der Äther in Ruhe bleibt – das Medium teilt seine Bewegung in keiner Weise dem Äther mit – sieht es so aus, als würde auf das Licht nur ein Bruchteil der Geschwindigkeit des Mediums übertragen.

Man betrachtete deshalb lange Zeit die Ergebnisse dieser Fizeauschen Versuche als einen experimentellen Beweis für die Existenz eines ruhenden Lichtäthers, der sich an der Bewegung der Materie nicht beteiligt. Dadurch wurde einerseits das Galileische Relativitätsprinzip auf die Mechanik im engeren Sinn beschränkt, andererseits entstand aber auch die Aufgabe, das *absolute* Bezugssystem, in dem der Äther ruht, durch optische oder elektromagnetische Versuche oder durch astronomische Beobachtungen nachzuweisen. Die berühmteste und genaueste Versuchsanordnung für diese Aufgabe stammt von A. A. Michelson (aufgrund einer Bemerkung von Clerk Maxwell).

2.3 Der Michelson-Versuch

Aus der Vorstellung eines ruhenden Lichtäthers, relativ zu dem sich das Licht in allen Richtungen mit der Geschwindigkeit c ausbreitet, folgt zwangsläufig, daß der Wert der Lichtgeschwindigkeit, den ein relativ zum Äther mit der Geschwindigkeit v bewegter Beobachter feststellen würde, von dessen Bewegungsrichtung abhängt (c ist die Lichtgeschwindigkeit relativ zum ruhenden Äther, v die des Beobachters relativ zum Äther). Der Beobachter mißt dann eine Lichtgeschwindigkeit $c + v$ oder $c - v$, je nachdem, ob er sich in gleicher oder entgegengesetzter Richtung wie das Licht bewegt. Wenn ein Beobachter zunächst von diesem Bewegungszustand nichts weiß, so könnte er sich doch experimentell darüber unterrichten, indem er von einem Punkt aus ein nach allen Richtungen hin sichtbares Lichtsignal abgibt und die Zeiten mißt, nach denen dieses Lichtsignal die verschiedenen Stellen einer um diesen Punkt gelegten Kugel erreicht. Befindet er sich wirklich in Bewegung gegen den Äther, so müßte durch den „Ätherwind" das Lichtsignal in dem Sinne verweht werden, daß es zuerst auf dem Punkt der Kugel eintrifft, der der Bewegungsrichtung entgegengesetzt ist, und zuletzt auf dem, der in Bewegungsrichtung liegt.

Versuchsanordnung und experimentelles Ergebnis

Um den Bewegungszustand der Erde relativ zu dem hypothetisch ruhenden Äther festzustellen, wurde der oben beschriebene Versuch zuerst im Jahre 1881 von A.A. Michelson in Potsdam und mit einer verbesserten Anordnung 1887 gemeinsam mit E.W. Morley in Cleveland, Ohio, ausgeführt (Michelson erhielt dafür 1907 den Nobelpreis für Physik). Dieses Experiment ist in der Folgezeit des öfteren wiederholt worden, wobei die Meßgenauigkeit noch weiter gesteigert werden konnte (z.B. 1904 von Morley und Miller und 1930 von Joos).

Die Geschwindigkeit der Erde auf ihrer Bahn um die Sonne beträgt im Mittel etwa 30 km/s. Da wir über den Bewegungszustand des Äthers von vornherein nichts wissen, wäre es zumindest denkbar, daß an einer bestimmten Stelle der Erdbahn der Äther sich mit eben dieser Geschwindigkeit bewegt, die Erde also relativ zu ihm ruht. Dann müßte man aber ein halbes Jahr später einen Ätherwind von doppeltem Betrag beobachten können. (Außerdem hat man den Versuch zu allen Tageszeiten gemacht, um sicher zu gehen, daß die Erdgeschwindigkeit während der Beobachtung nicht senkrecht zur Beobachtungsebene steht.)

Der Versuch ist wegen der erforderlichen Genauigkeit wieder ein Interferenzversuch mit der in Bild 2.2 skizzierten Anordnung. Der experimentelle Aufbau, mit dem Michelson und Morley 1887 ihre Messungen in Cleveland durchgeführt haben, ist in Bild 2.4 dargestellt.

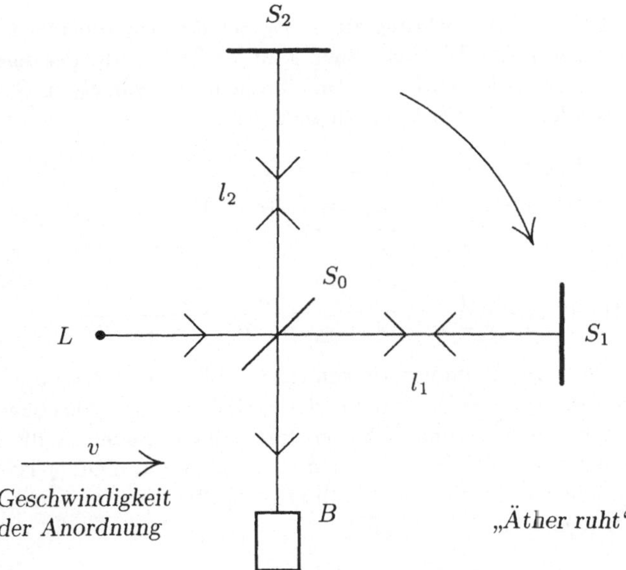

Bild 2.2 Schematische Darstellung des Strahlengangs beim Michelson-Versuch zum Nachweis des Ätherwinds

Der gesamte Apparat befindet sich fest montiert auf einer massiven Platte, die ihrerseits auf Quecksilber schwimmt, so daß sie ohne Erschütterung um einen beliebigen Winkel gedreht werden kann. Das von L ausgehende Licht wird an einer unter 45° geneigten halbdurchlässigen Glasplatte S_0 zur Hälfte reflektiert und zur Hälfte von ihr durchgelassen. Der reflektierte Anteil wird von dem Spiegel S_2 nochmals reflektiert, durchsetzt die Glaspatte S_0 und gelangt zum Beobachter B. Der andere Teil wird nach Reflexion am Spiegel S_1 von S_0 reflektiert und beim Beobachter B mit dem erwähnten Anteil zur Interferenz gebracht. Bei geeigneter Einstellung beobachtet man dann in B Interferenzstreifen; es muß dazu monochromatisches Licht verwendet werden, und außerdem müssen die beiden Wege l_1 und l_2 etwa gleich lang sein, d.h., der Unterschied der beiden Weglängen $2(l_2 - l_1)$ muß kleiner als die Kohärenzlänge des verwendeten Lichts sein. Jede Änderung der beiden Lichtwege l_1 und l_2 macht sich in einer Verschiebung der Interferenzstreifen bemerkbar. Man erhält z. B. eine Verschiebung der Interferenzstreifen um eine Streifenbreite, wenn man einen der beiden Spiegel S_1 oder S_2 um eine halbe Lichtwellenlänge verschiebt.

Der Pfeil zeigt die Richtung an, in der sich der Apparat relativ zum Äther bewegen möge. Wir berechnen jetzt die Zeit t_1, die der eine Teil des bei S_0 aufgespaltenen Lichtstrahls braucht, um von S_0 zu S_1 (Zeit t_{1a}) und wieder zu S_0 (Zeit t_{1b}) zu gelangen:

$$ct_{1a} = l_1 + vt_{1a} \quad , \qquad t_{1a} = l_1/(c-v) \quad ,$$
$$ct_{1b} = l_1 - vt_{1b} \quad , \qquad t_{1b} = l_1/(c+v) \quad ,$$

also

$$t_1 = t_{1a} + t_{1b} = \frac{l_1}{c-v} + \frac{l_1}{c+v} = \frac{2l_1 c}{c^2 - v^2} = \frac{2l_1}{c} \frac{1}{1 - \beta^2} \quad , \qquad (2.8)$$

mit der von nun an immer verwendeten Abkürzung $\beta = v/c$. Wir bezeichnen mit t_2 die Zeit, die der andere Teil des Lichtstrahls benötigt, um die Strecken $\overline{S_0 S_2}$ und $\overline{S_2 S_0'}$ zu durchlaufen, wobei S_0 die Lage der Glasplatte zur Zeit $t = 0$ und S_0' ihre Lage zur Zeit t_2 ist (vgl. Bild 2.3). Die Strecke $\overline{S_0 S_0'}$ ist gleich vt_2, und für den vom Lichtstrahl in t_2 zurückgelegten Weg ct_2 gilt:

$$ct_2 = 2\sqrt{l_2^2 + \left(\frac{vt_2}{2}\right)^2} = \sqrt{4l_2^2 + v^2 t_2^2} \quad .$$

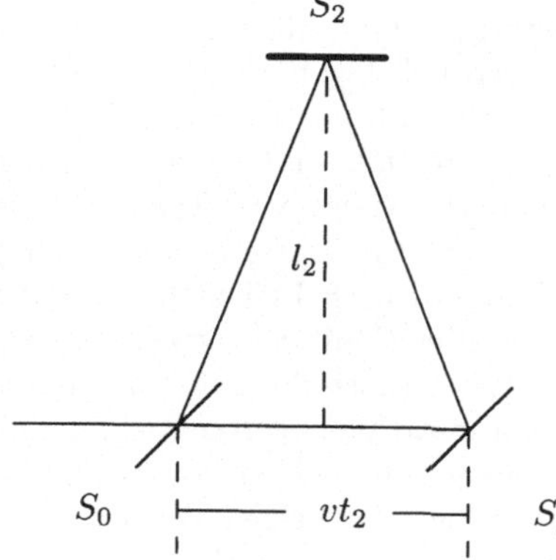

Bild 2.3   Lichtweg beim Michelson-Versuch

Daraus ergibt sich die Zeit t_2 zu:

$$t_2 = \frac{2l_2}{c}\frac{1}{\sqrt{1-\beta^2}} \quad . \tag{2.9}$$

Von S_0 bis zum Beobachter B durchlaufen beide Strahlen dann wieder den gleichen Weg. Die für den Gangunterschied in B maßgebende Differenz in den Laufzeiten beträgt also:

$$t_2 - t_1 = \frac{2}{c}\left(\frac{l_2}{\sqrt{1-\beta^2}} - \frac{l_1}{1-\beta^2}\right) \quad . \tag{2.10}$$

Dreht man nunmehr den ganzen Apparat um 90°, so vertauschen die beiden Lichtwege l_1 und l_2 ihren Bewegungszustand relativ zum ruhenden Lichtäther, so daß nach der Drehung ein Laufzeitunterschied von der Größe

$$\tilde{t}_2 - \tilde{t}_1 = \frac{2}{c}\left(\frac{l_2}{1-\beta^2} - \frac{l_1}{\sqrt{1-\beta^2}}\right) \tag{2.11}$$

entsteht. Man müßte also während der Drehung des Apparats eine entsprechende Verschiebung der Interferenzstreifen beobachten, die der Differenz Δ der beiden soeben ermittelten Laufzeitunterschiede entspricht.

$$\Delta = \left(\tilde{t}_2 - \tilde{t}_1\right) - (t_2 - t_1)$$

$$= \frac{2}{c}(l_1 + l_2)\left(\frac{1}{1-\beta^2} - \frac{1}{\sqrt{1-\beta^2}}\right) \tag{2.12}$$

und in guter Näherung, da $v \ll c$ und damit $\beta \ll 1$

$$\Delta = \frac{l_1 + l_2}{c}\beta^2 \quad . \tag{2.13}$$

Wir überlegen uns jetzt die Größenordnung der auftretenden Streifenverschiebung. Eine Verschiebung um eine volle Interferenzstreifenbreite erhalten wir genau dann, wenn die Phasendifferenz der beiden überlagerten Lichtstrahlen $\omega\Delta = 2\pi$ ist ($\omega = 2\pi\nu = (2\pi/\lambda)c$). Daraus erhält man $\Delta = \lambda/c$ und eingesetzt:

$$l_1 + l_2 = \lambda/\beta^2 \quad . \tag{2.14}$$

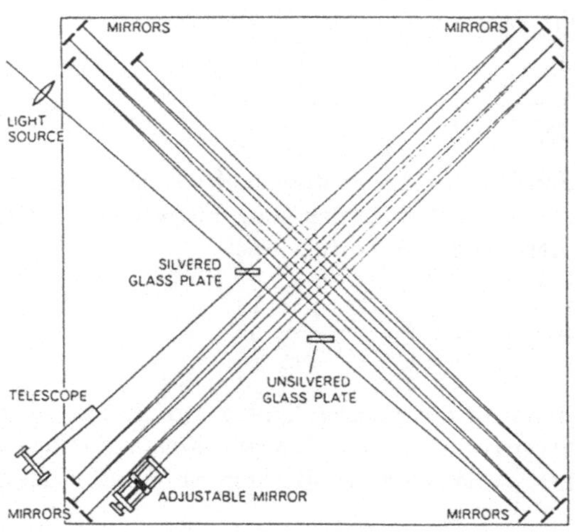

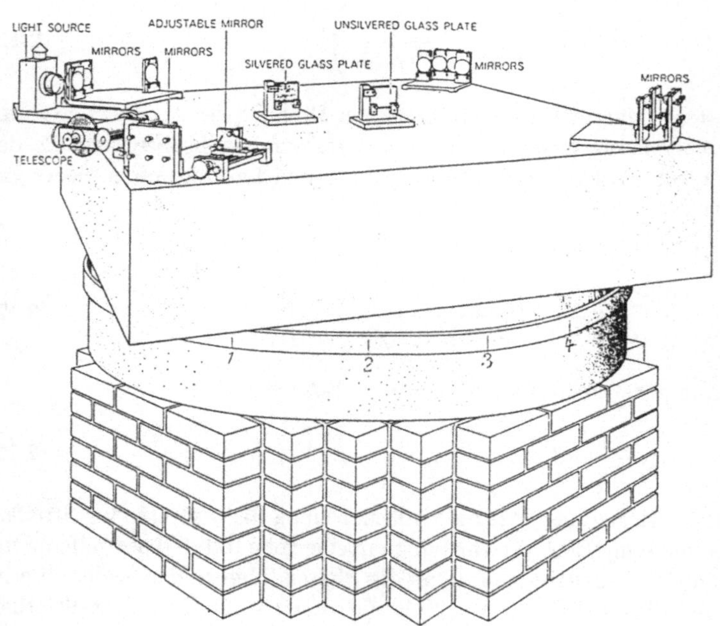

Bild 2.4 Die von Michelson und Morley 1887 bei ihren Versuchen in Cleveland benutzte Meßanordnung (aus Scientific American, Nov. 1964).

Nimmt man einmal an, daß der Äther im Schwerpunkt des Sonnensystems ruht (dies ist für die Messung der ungünstigste Fall, da dann als Relativgeschwindigkeit nur die Erdbahngeschwindigkeit mit 30 km/s auftritt; im anderen Fall würde einmal im Jahr auch die Erdbahngeschwindigkeit plus die Geschwindigkeit des Sonnensystems relativ zum Äther auftreten), so ist $\beta^2 \approx 10^{-8}$ und für $\lambda = 5 \cdot 10^{-7}$ m (gelbes Licht) muß $l_1 + l_2 = \lambda/\beta^2 = 50$ m sein. Einen Lichtweg von dieser Größenordnung kann man tatsächlich erreichen, indem man die Lichtstrahlen die Wege l_1 und l_2 nicht nur zweimal, sondern mit Hilfe von vielfacher Reflexion mehrmals durchlaufen läßt (s. Bild 2.4). So wurde 1930 von Joos eine Genauigkeit erreicht, mit der noch ein Ätherwind von 1.5 km/s relativ zur Erde nachweisbar gewesen wäre.

Bei allen Ausführungen des Michelson-Versuches wurden niemals innerhalb der Meßgenauigkeit Verschiebungen der Interferenzstreifen bei Drehung der Apparatur beobachtet. Die Messungen wurden zu verschiedenen Tages- und Jahreszeiten, mit verschiedenen Wellenlängen und in verschiedenen Höhen über dem Meeresspiegel durchgeführt. Durch diese Versuche ist damit *eindeutig* gezeigt, daß die Lichtgeschwindigkeit (auf der Erdoberfläche) nicht vom Bewegungszustand des Beobachters abhängt.

Für die Physiker blieb nun das Problem der Deutung: Einerseits scheint zur Erklärung vieler Versuchsergebnisse ein ruhender Äther kaum vermeidbar, andererseits ist jeder Versuch, diesen Äther zu finden, fehlgeschlagen. Bevor wir die verschiedenen Deutungsversuche des Michelson-Experimentes diskutieren, wollen wir noch kurz den Begriff der Aberration einführen, da dieser Effekt für das Folgende wichtig ist.

Einschub: Erklärung der Aberrationserscheinung

Auf einer sich nicht bewegenden Erde (Bild 2.5a) muß ein Teleskop nach der wahren Höhe h_0 gerichtet werden, damit der vom Stern ausgesandte Lichtstrahl mit der Achse des Instruments zusammenfällt. Auf einer bewegten Erde (Bild 2.5b) hingegen muß das Fernrohr mit einem etwas anderen Winkel h ausgerichtet werden. Die Differenz der beiden Winkel ist die Aberration α. Ursache für diese Winkeländerung ist die endliche Lichtgeschwindigkeit. Das gleiche Phänomen, wodurch der Effekt sofort verständlich wird, können wir beobachten, wenn es regnet. Man hält seinen Regenschirm, wenn man steht, senkrecht nach oben, eben in Richtung der Regentropfen (Bild 2.5c). Geht man aber vorwärts (Bild 2.5d), so kommen die Regentropfen von schräg vorne, und man neigt ihnen deshalb den Schirm entgegen.

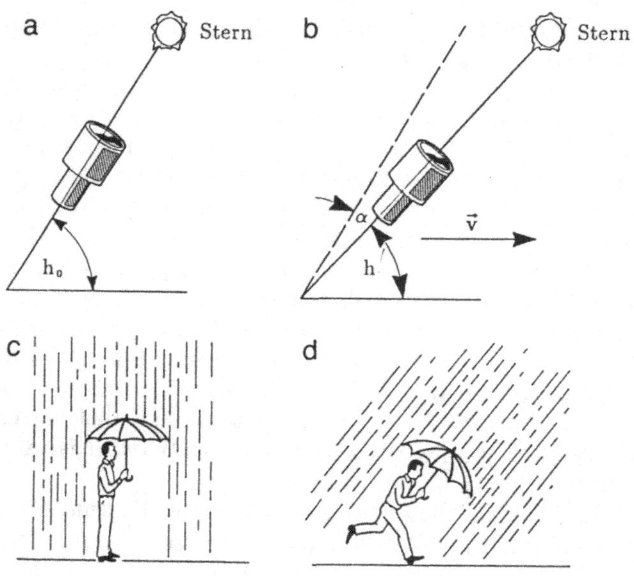

Bild 2.5 Skizze zur Veranschaulichung der Aberration

Wäre die Geschwindigkeit der Erde immer gleich gerichtet, so könnte man natürlich keine Aberration feststellen; erst die Änderungen in der Richtung der Geschwindigkeit der Erde bei ihrem Umlauf um die Sonne verursachen die scheinbaren Lageänderungen der Sterne. Im Laufe eines Jahres durchlaufen daher die Sterne am Himmel Ellipsen. Die Form dieser Ellipsen ergibt sich aus der Projektion der Erdbahn auf die Himmelskugel am jeweiligen Sternort (vgl. Bild 2.6). Als maximalen Wert (große Halbachse) für die Aberration erhält man $\tan\alpha = v/c$; bei der Erdbahngeschwindigkeit mit $\beta = 10^{-4}$ liefert dies einen Winkel von $\alpha = 10^{-4}(360°/2\pi) = 20,5''$. Dieser Zusammenhang wurde bereits 1728 von dem Astronomen J. Bradley gefunden. Zur Veranschaulichung der Größenordnung: Eine typische Aberrationsellipse hat etwa die Größe, die dem Umriß eines Rugby-Balles, gesehen aus ca. 2 km Entfernung, entspricht.

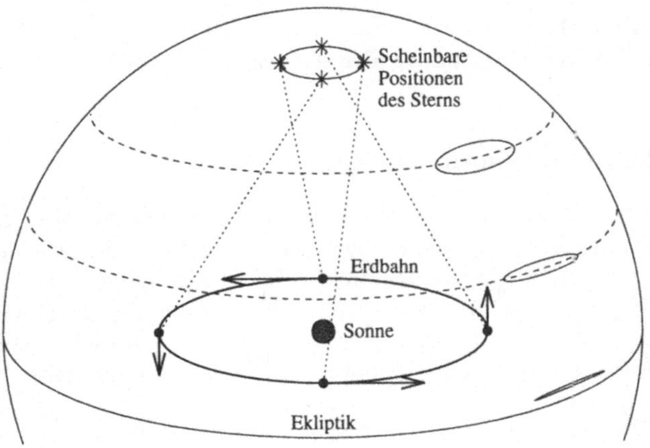

Bild 2.6 Entstehung der Aberrationsellipsen

2.4 Deutungsversuche und weitere Experimente

Wir wollen hier nur die wichtigsten Deutungsversuche für den negativen Ausgang des Michelson-Experiments aufzählen, die aber doch die Ratlosigkeit der damaligen Physiker widerspiegeln.

Die Mitnahmehypothese

Der Äther wird von der Erdoberfläche mitgenommen, ähnlich wie die Lufthülle. Das steht im Widerspruch zum Versuch von Fizeau, wo der Äther von der strömenden Flüssigkeit gerade nicht mitgenommen werden sollte. Man könnte dem Äther die Eigenschaft geben, daß er nur an großen Massen haftet und von ihnen mitgenommen wird. Es wurde daher der Michelson-Versuch auch auf hohen Bergen durchgeführt, wo bereits etwas Schlupf zwischen dem Äther und der Erdoberfläche sein müßte; aber auch dort konnte kein Äther nachgewiesen werden. Eine endgültige Widerlegung erfährt die „Mitnahme-Hypothese" durch die Erscheinung der Aberration. Würde der Äther von der Erdoberfläche mitgenommen werden, so sähe man die Erscheinung der Aberration nicht. (Nähme man beim Laufen die umgebende Luft mit, so käme der Regen immer senkrecht von oben, ganz egal, mit welcher Geschwindigkeit man sich bewegt.) Die Wellenfronten einer ebenen Welle blieben bei einem schichtweise mitgenommenen Äther unverändert. Man beobachtet aber die Erscheinung der Aberration in der vorhergesagten Größe!

Der Erklärungsversuch von Ritz

Hierbei wird angenommen, daß die Lichtgeschwindigkeit vom Bewegungszustand der emittierenden Lichtquelle abhängt, und zwar derart, daß zu der Vakuumlichtgeschwindigkeit die Geschwindigkeit der Lichtquelle vektoriell zu addieren ist. Durch diese Annahme wäre, wie wir gleich zeigen werden, der Ausgang des Michelson-Versuchs ebenfalls erklärt. Für die Strecke $\overline{S_0 S_1}$ benötigt der Lichtstrahl die Zeit:

$$(c + v)t_{1,\text{vor}} = l_1 + vt_{1,\text{vor}} \implies t_{1,\text{vor}} = (l_1/c) \qquad (2.15\text{a})$$

und für die Strecke $\overline{S_1 S_0}$

$$(c - v)t_{1,\text{rück}} = l_1 - vt_{1,\text{rück}} \implies t_{1,\text{rück}} = (l_1/c) \quad . \qquad (2.15\text{b})$$

Um vom Spiegel S_0 nach S_1 und zurückzugelangen, benötigt der Lichtstrahl somit die Zeit

$$t_1 = t_{1,\text{vor}} + t_{1,\text{rück}} = 2l_1/c \quad .$$

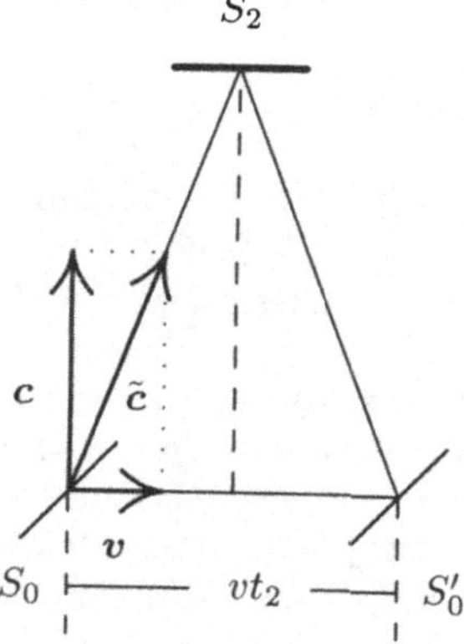

Bild 2.7 Skizze zum Erklärungsversuch von Ritz

Das an der halbdurchlässigen Glasplatte S_0 reflektierte zweite Lichtbündel muß, wie oben, den Lichtweg $\sqrt{4l_2^2 + v^2 t_2^2}$ zurücklegen. Doch gilt jetzt für die Geschwindigkeit des Lichtes auf diesem Weg $\tilde{c} = c + v$ (gemäß dem Ritzschen Erklärungsversuch). Der Betrag von $\tilde{c}$ ist somit $\tilde{c} = \sqrt{c^2 + v^2}$. Für die Zeit t_2, die dieses zweite Lichtbündel für die Strecke $\overline{S_0 S_2}$ und zurück benötigt, gilt (vgl. Bild 2.7):

$$2\sqrt{l_2^2 + \left(\tfrac{vt_2}{2}\right)^2} = \tilde{c}t_2 \quad \Longrightarrow \quad t_2 = 2l_2/c \quad . \tag{2.17}$$

Der Unterschied der Laufzeiten dieser beiden Strahlen beträgt somit:

$$t_2 - t_1 = \frac{2l_2}{c} - \frac{2l_1}{c} \quad . \tag{2.18}$$

Eine Drehung der Apparatur um 90° gegen die Bewegungsrichtung ergibt als Laufzeitunterschied:

$$\tilde{t}_2 - \tilde{t}_1 = \frac{2l_2}{c} - \frac{2l_1}{c} \quad . \tag{2.19}$$

Die Differenz der beiden Laufzeitunterschiede, die ja eine Verschiebung der Interferenzstreifen bewirkt, verschwindet also:

$$\Delta = (\tilde{t}_2 - \tilde{t}_1) - (t_2 - t_1) = 0 \quad . \tag{2.20}$$

Es gibt nach dieser Erklärung tatsächlich keine Streifenverschiebung, was ja mit dem Ergebnis des Michelson-Experiments übereinstimmt.

Die Ritzsche Hypothese ist aber bereits vom Standpunkt der elektromagnetischen Feldvorstellung des Lichts völlig unverständlich, da nicht einzusehen ist, warum die Ausbreitungsgeschwindigkeit einer Lichtwelle, die durch eine lokale Differentialgleichung beschrieben wird, an irgendeinem Punkt des Raumes mit dem Bewegungszustand der Lichtquelle verknüpft sein soll.

Aber auch rein experimentell kann diese Hypothese als widerlegt gelten, und zwar in besonders drastischer Weise durch Beobachtungen von Doppelsternen. Bei einem Doppelsternsystem, das aus einem massereichen und einem ihn umkreisenden masseärmeren Begleiter besteht, müßte dann das Licht des letzteren von verschiedenen Punkten seiner Bahn mit verschiedener Geschwindigkeit zur Erde gelangen. Bei den großen Entfernungen, die es dabei zurückzulegen hat, würden schon kleine Unterschiede in der Geschwindigkeit des Lichts so große Unterschiede in den dazu benötigten Laufzeiten bewirken, daß wir in einigen konkreten Fällen den Begleiter an mehreren Stellen seiner Bahn gleichzeitig wahrnehmen würden (vgl. Aufgabe 2.1). Ein derartiger Effekt ist aber in der astronomischen Beobachtung auch nicht andeutungsweise vorhanden.

Die beste experimentelle Bestätigung, daß sich die Geschwindigkeit der emittierenden Quelle nicht zur Lichtgeschwindigkeit addiert, verdanken wir der Beobachtung der Neutrinoankunftszeiten bei dem Supernova-Ausbruch 1987 in der großen Magellanschen Wolke (vgl. Aufgabe 2.2).

Weiterhin wird die Ritzsche Hypothese dadurch widerlegt, daß der Michelson-Versuch auch dann negativ ausfällt, wenn man ihn nicht mit einer irdischen Lichtquelle ausführt. Solche Versuche wurden 1924 von R. Tomaschek mit Sternlicht und D.C. Miller mit Sonnenlicht durchgeführt.

Die Lorentz-Fitzgerald-Kontraktion

Diese Hypothese geht davon aus, daß sich alle mit der Geschwindigkeit v bewegten Körper in der Bewegungsrichtung um den Faktor $\sqrt{1 - \beta^2}$ verkürzen, während die Querabmessungen unverändert bleiben. Da sich natürlich alle Maßstäbe mitverkürzen, kann ein mitbewegter Beobachter diese Verkürzung nicht bemerken. Durch diese Annahme wird der Ausgang des Michelson-Versuches ebenfalls erklärt, da dann (wie man leicht nachrechnet) die beiden Laufzeitdifferenzen $t_2 - t_1$ und $\tilde{t}_2 - \tilde{t}_1$ gleich werden. Man erwartet nach dieser Theorie beim Drehen der Anordnung um $90°$ keine Interferenzstreifenverschiebung.

Obwohl die Kontraktionshypothese als unmittelbarer Vorläufer der Relativitätstheorie anzusehen ist, widerspricht sie doch dem Grundprinzip der Relativität. Wenn nämlich der bewegte Beobachter seinen mitgeführten Maßstab mit einem ruhenden Maßstab vergleicht, so würde er natürlich bestätigen können, daß sein eigener Maßstab wirklich verkürzt ist. Man hätte danach prinzipiell ein Mittel in der Hand, den Begriff der absoluten Ruhe experimentell festzustellen, indem man beobachtet, welcher von mehreren verschieden schnell bewegten Einheitsmaßstäben die größte Länge besitzt.

In diesen Wirrwarr von Hypothesen, in dem eine Hypothese stets mehrere neue nach sich zog, brachte die Einsteinsche Relativitätstheorie Ordnung, indem sie mit wenigen Grundannahmen ohne weitere Hypothesen alle Experimente durch eine mathematisch einfache und saubere Theorie erklärte. Ansatzpunkt dafür ist eine genaue Definition der Gleichzeitigkeit.

2.5 Übungsaufgaben

"I hear and I forget,
I see and I remember,
I do and I understand."

(Chinese proverb)

"Ich höre die Vorlesung und vergesse alles,
Ich lese das Buch und behalte etwas,
Ich löse die Übungen und verstehe alles."

(modifiziertes chinesisches Sprichwort)

Aufgabe 2.1.   Man betrachte ein Doppelsternsystem mit einem Stern sehr großer Masse, dessen Begleiter auf einer Kreisbahn umläuft (Radius r, Bahngeschwindigkeit v, Beobachter im Abstand D in der Bahnebene). Mit der Ritzschen Annahme, daß sich die Geschwindigkeit einer bewegten Lichtquelle und die Lichtgeschwindigkeit c vektoriell addieren ($c_L = c + v$), diskutiere man die Lichtlaufzeit zum Beobachter als Funktion des Umlaufswinkels φ (zur Vereinfachung: $r/D \ll v/c \ll 1$). Wann sieht der Beobachter den umlaufenden Stern mehrfach?

Aufgabe 2.2.   Nach dem Supernova-Ausbruch in der großen Magellanschen Wolke (Entfernung $\approx 170\,000$ Lichtjahre) wurden 1987 innerhalb einer Zeitspanne von etwa 10 Sekunden einige Neutrinos auf der Erde nachgewiesen. Die die Neutrinos emittierenden Atomkerne hatten relativ zueinander Geschwindigkeiten von ca. $10\,000$ km/s. Unter der Annahme masseloser Neutrinos, die sich mit c bewegen, schätze man ab, wie genau durch diese Beobachtung bestätigt wird, daß sich die Geschwindigkeit der Quelle nicht zu c addiert.

Aufgabe 2.3.   Wenn man von der Newtonschen Mechanik zur Elektrodynamik übergeht, erhebt sich die Frage, ob die Maxwell-Gleichungen dem Galileischen Relativitätsprinzip genügen, d.h., ob sie in allen durch Galilei-Transformationen miteinander verknüpften Inertialsystemen dieselbe Form haben.
Zeigen Sie, daß die Maxwell-Gleichungen nicht mit dem Galileischen Relativitätsprinzip vereinbar sind. Untersuchen Sie dazu die homogene Wellengleichung für elektromagnetische Felder im Vakuum.

3 Grundannahmen der speziellen Relativitätstheorie

3.1 Definition der Gleichzeitigkeit

Wir veranschaulichen uns die Problematik am Beispiel der Längenmessung eines bewegten Maßstabs. Dazu stellen wir uns das folgende
Modell vor: Es soll vom Bahndamm aus der Abstand zweier Marken
(oder die Länge l) an einem vorüberfahrenden Zug (v = konstant) gemessen werden (vgl. Bild 3.1).

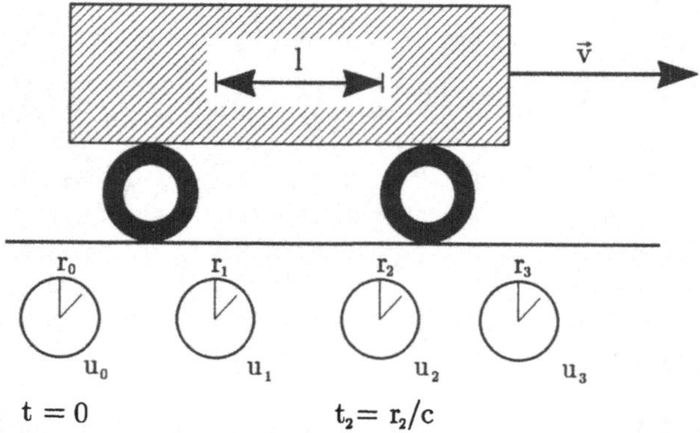

Bild 3.1 Versuchsanordnung zur Messung der Länge eines bewegten Maßstabs

Man geht dabei so vor, daß man längs des Bahndamms dicht an
dicht Beobachter mit gleichgehenden Uhren aufstellt und jedem die
Anweisung erteilt, zu notieren, zu welchen Zeitpunkten er den Anfang
oder das Ende des Stabes bzw. die erste und die zweite Marke bei
sich vorbeikommen sieht. Zur Längenbestimmung mißt man dann im
Ruhsystem des Bahndamms den Abstand von zwei Beobachtern, die

den Anfang und das Ende des Stabes auf ihren Uhren zur gleichen Zeit beobachtet haben.

Bei dieser Methode setzen wir allerdings voraus, daß die Uhren unserer Beobachter immer die gleiche Zeit anzeigen. Wie wir in Kapitel 1 genauer diskutiert haben, können wir durchaus davon ausgehen, daß wir hinreichend genaue Uhren besitzen, das heißt Uhren mit sehr konstanter und reproduzierbarer Gangrate. Dies läßt sich auch experimentell sehr leicht überprüfen, indem man die Uhren alle räumlich nebeneinander aufstellt und ihren Gang über längere Zeit vergleicht. Das Problem ist die Synchronisation, also die Aufgabe, die Uhren so einzuregulieren, daß sie die *gleiche* Zeit anzeigen. Als schlichter Physiker würde man zunächst versuchen, das Problem wie folgt zu lösen: Man bringt alle Uhren an einen Ort und reguliert sie durch paarweisen Vergleich ein. Dann transportiert man sie hinreichend sorgfältig zu ihren Plätzen am Bahndamm. Daß sich durch den Transport die Gangrate von Atomuhren nicht ändert, ist ebenfalls experimentell überprüfbar. Man trägt dazu die Uhr wieder zurück und vergleicht ihre Gangrate mit der nicht bewegten Uhr. (Uhren, die diese Eigenschaft nicht besäßen, ließen sich sicherlich auch schlecht verkaufen.) Ob allerdings beim Transport die Synchronisation erhalten bleibt, ist eine ganz andere Frage, die wiederum nur durch experimentellen Uhrentransport beantwortet werden kann.

Auch wenn wir es nicht wahrhaben wollen und auch wenn es unserer Anschauung völlig zuwiderläuft, so ist doch das Ergebnis solcher Experimente (wir werden dies später noch ausführlich diskutieren) leider so, daß durch den Uhrentransport – und wird er noch so sanft bewerkstelligt – die Synchronisation grundsätzlich zerstört wird.

Damit bleibt nur eine Möglichkeit, die Uhren einzuregulieren. Wir müssen die Uhren zuerst an ihre Plätze transportieren und dann synchronisieren. Eine denkbare Vorgehensweise ist dabei die folgende: Man stelle in einem beliebig gewählten Ursprung die dort befindliche Uhr auf die Zeit $t_0 = 0$. Dann reguliere man alle weiteren Uhren, die sich im Abstand r vom Ursprung befinden, beim Eintreffen eines Lichtblitzes, der zur Zeit $t_0 = 0$ im Ursprung gestartet wurde, auf die Zeit $t = r/c$. Grundlage dieser Synchronisationsvorschrift ist das Ergebnis des Michelson-Versuches, daß sich das Licht in jedem Bezugssystem mit der gleichen Geschwindigkeit c ausbreitet.

Es ist jedoch nicht notwendig, zur Einregulierung der Uhren gerade die Lichtausbreitung zu verwenden. Es eignen sich dafür auch andere

Signale. Man könnte etwa zwei Kugeln gleicher Masse über eine Feder genau zwischen zwei einzuregulierenden Uhren zusammenspannen und mit einem Faden aneinander halten. Ein Durchbrennen des Fadens läßt die beiden Kugeln mit gleicher Geschwindigkeit auf die Uhren U_1 und U_2 zurollen. Die Uhren sollen dann beim Eintreffen der Kugeln auf die Zeit $t = 0$ gestellt werden. Oder man gibt die Anweisung, beide Uhren beim Eintreffen der Schallwellen, ausgelöst durch einen Hammerschlag auf die Mitte einer Eisenstange zwischen den beiden Uhren, auf die Zeit $t = 0$ einzuregulieren. Man kann also mit rein mechanischen Vorrichtungen die Uhren auf Gleichzeitigkeit einstellen. Die Gesetze der Lichtausbreitung und die Lichtgeschwindigkeit sind jedoch sehr genau erforscht und eignen sich deshalb am besten für unser Vorgehen.

Definition:

Zwei Ereignisse an verschiedenen Raumpunkten ereignen sich dann gleichzeitig, wenn die an den Raumpunkten aufgestellten und nach obiger Art einregulierten Uhren die gleiche Zeit anzeigen.

3.2 Herleitung der Lorentz-Transformation

Die spezielle Relativitätstheorie beschäftigt sich mit Vorgängen in solchen Koordinatensystemen, die sich relativ zueinander mit konstanter Geschwindigkeit v bewegen. Für unsere weiteren Überlegungen seien jetzt zwei Koordinatensysteme K und K' mit den Koordinaten x, y, z, t bzw. x', y', z', t' gegeben (s. Bild 3.2). Unser Ziel ist es, die Transformationsgleichungen zu finden, die es gestatten, die Koordinaten des einen Systems in die des anderen umzurechnen; also $x' = f_x(x, y, z, t)$, $y' = f_y(x, y, z, t)$, $z' = f_z(x, y, z, t)$, $t' = f_t(x, y, z, t)$ und umgekehrt. Diese Transformationsgleichungen heißen Lorentz-Transformation. Sie sollen jetzt hergeleitet werden. Der Ursprung der beiden Systeme K und K' soll zur Zeit $t = t' = 0$ übereinstimmen; also $x = x' = 0$, $y = y' = 0$, $z = z' = 0$. Dies ist lediglich eine spezielle Wahl der Nullpunkte für die Koordinatenachsen.

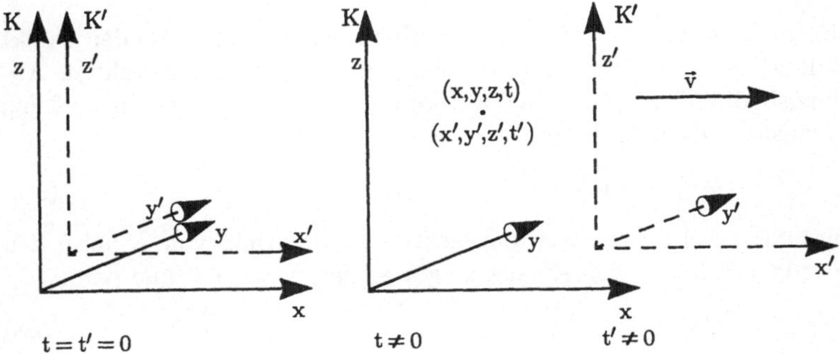

Bild 3.2 Die Lorentz-Transformation

Die Homogenität und Isotropie des Raumes

Grundsätzlich nehmen wir an, daß der uns umgebende Raum homogen und isotrop ist, daß also ohne äußere Einflüsse im Raum kein Punkt (das soll auch für die Zeit gelten) und keine Richtung ausgezeichnet sind. Aus der Homogenität des Raumes und der Zeit folgt dann sofort, daß der Zusammenhang zwischen K und K' linear sein muß. Wäre der Zusammenhang nämlich nicht linear, wären also z. B. auch Glieder zweiter Ordnung zugelassen, so würde durch quadratische Ergänzung folgen:

$$x' \sim \xi x^2 + \eta x + \cdots \sim (x + x_0)^2 + \cdots \quad ,$$

und $x = -x_0$ wäre ein ausgezeichneter Punkt. Auf ähnliche Weise läßt sich für alle Glieder höherer Ordnung ein Widerspruch zur Homogenität des Raumes finden.

Wegen der Isotropie des Raumes können wir ohne Beschränkung der Allgemeinheit die x- und die x'-Achse parallel zur Relativgeschwindigkeit v wählen und die Koordinatensysteme so verdrehen, daß die x-y-Ebene in die x'-y'-Ebene und die x-z-Ebene in die x'-z'-Ebene übergeht. Das heißt, aus $z = 0$ folgt $z' = 0$, also $z' = a(v)z$, und analog folgt $y' = 0$ aus $y = 0$ und damit $y' = \bar{a}(v)y$. Da die y- und z-Richtung bei der Transformationsbewegung in x-Richtung gleichberechtigt sind, liefert dann die Forderung der Isotropie des Raumes sofort $\bar{a}(v) = a(v)$ und damit:

$$y' \; = \; a(v)\,y \;, \quad z' \; = \; a(v)\,z \quad .$$

(3.1)

Betrachten wir die Bewegung des Ursprungs von K', also den Punkt mit $x' = 0$, im System K, so gilt bei den von uns gewählten Anfangsbedingungen für seine x-Koordinate $x = vt$. Deshalb muß die Transformation die Form

$$x' \; = \; b(v)\,(x - vt)$$

(3.2)

besitzen. Betrachten wir umgekehrt den Ursprung von K, also den Punkt mit $x = 0$, von K' aus, so gilt analog $x' = -v't'$ und damit

$$x \; = \; b'(v')\,(x' + v't') \quad .$$

(3.3)

Soweit gelangen wir mit der Annahme der Homogenität und Isotropie des Raumes. Um die Funktionen $a(v)$, $b(v)$ und $b'(v')$ zu bestimmen, benötigen wir zusätzliche Annahmen.

Das Relativitätsprinzip

Eine wesentliche Grundlage der speziellen Relativitätstheorie ist – wie ja schon der Name sagt – das Relativitätsprinzip, eines der beiden von Einstein 1905 formulierten Postulate, die dann zur Lorentz-Transformation führen. Das Einsteinsche Relativitätsprinzip lautet:

Durch keine physikalische Messung (auch nichtmechanische) ist ein prinzipieller Unterschied zwischen den zwei Inertialsystemen K und K' feststellbar.

Als erstes wollen wir den Faktor $a(v)$ untersuchen. Wir betrachten dazu ein Punktereignis im System K an der Stelle $x = 0$, $y = 0$, z beliebig, $t = 0$, also $(0, 0, z, 0)$. In K' hat es die Ereigniskoordinaten $(0, 0, z', t')'$, was mit der Transformation $z' = a(v)z$ zu $(0, 0, a(v)z, t')'$ führt. Nach dem Relativitätsprinzip folgt hieraus zwingend

$$a(v) \; = \; 1 \quad ,$$

(3.4)

denn sonst wäre ein objektives Unterscheidungsmerkmal zwischen beiden Systemen gegeben.

Nun zu $b(v)$ und $b'(v')$: Zunächst folgt ebenfalls direkt aus dem Relativitätsprinzip, daß $v = v'$ sein muß.

Wir betrachten einen in K ruhenden längs der x-Achse liegenden Maßstab der Länge l (s. Bild 3.3). Sein Anfangspunkt A liege im Ursprung $(0, 0, 0, t)$, sein Endpunkt B hat dann die Koordinaten $(l, 0, 0, t)$.

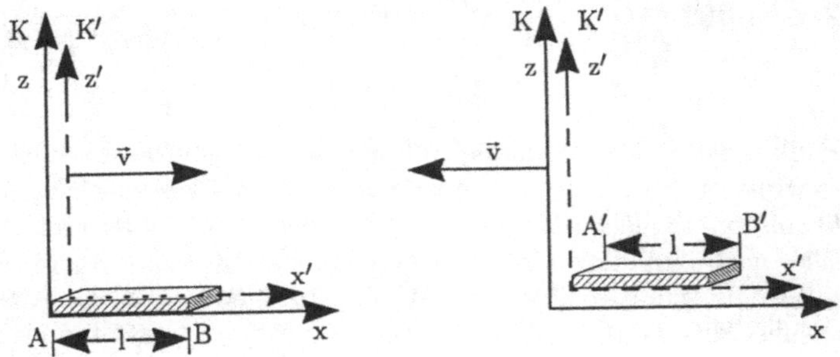

Bild 3.3 Gedankenexperiment zu den Funktionen $b(v)$ und $b'(v)$.

Die Länge des Stabs soll nun von K' aus gemessen werden, d. h. es sollen sein Anfangs- und Endpunkt *gleichzeitig*, etwa zur Zeit $t' = 0$, bestimmt werden. Dies ergibt für den Anfangspunkt $(0, 0, 0, 0)'$ und, unter Benutzung von Gleichung (3.3), für den Endpunkt $(l/b'(v), 0, 0, 0)'$. Der Maßstab der Länge l in K hat für einen Beobachter in K' die Länge $l/b'(v)$.

Wir wollen nun umgekehrt verfahren: Derselbe Stab der Länge l ruhe jetzt in K', und für den Anfangs- und Endpunkt gilt $(0, 0, 0, t')'$ bzw. $(l, 0, 0, t')'$. Die Länge des Stabs wird von K aus gemessen, also *gleichzeitig* zur Zeit $t = 0$. Man erhält mit Gleichung (3.2) für den Anfangs- und Endpunkt $(0, 0, 0, 0)$ bzw. $(l/b(v), 0, 0, 0)$. Nach dem Relativitätsprinzip dürfen diese beiden Messungen keinen objektiven Unterschied liefern, was

$$b(v) \ = \ b'(v) \tag{3.5}$$

erzwingt. Die Gleichungen (3.2) und (3.3) lauten somit

$$x' \ = \ b(v)(x - vt) \tag{3.6a}$$
$$x \ = \ b(v)(x' + vt') \quad . \tag{3.6b}$$

Dies ist ein an sich überraschendes Ergebnis. Wenn man die Zeit mittransformiert, kann offensichtlich von *beiden* Systemen aus ein Maßstab verkürzt (oder verlängert) erscheinen. Löst man (3.6) noch nach den gestrichenen Größen auf, dann erhält man für die Transformationsformeln von K nach K' in diesem Stadium der Überlegungen:

$$x' = b(v)(x - vt)\,,\ y' = y\,,\ z' = z\,,\ t' = b(v)\left[t + \frac{x}{v}\left(\frac{1}{b(v)^2} - 1\right)\right]\,.$$

$$(3.7)$$

Die Funktion $b(v)$ läßt sich nun nicht mehr aus allgemeinen Überlegungen gewinnen; ihre Bestimmung ist *nur* experimentell möglich. Aufgrund unserer täglichen Erfahrung würde man, wie Galilei und viele Physiker nach ihm auch, $b(v) = 1$ erwarten. Das liegt aber daran, daß wir immer brav mit 57 km/h zur Arbeit fahren und nicht mit 0,99 c! Das heißt, wir erwarten Abweichungen von $b(v) = 1$ erst bei größeren Geschwindigkeiten. Daher liegt es nahe, zur Bestimmung von $b(v)$ Experimente zu nehmen, bei denen möglichst große Geschwindigkeiten eine Rolle spielen und die sehr genau sind. Aus diesen Gründen ist der Michelson-Morley-Versuch besonders gut geeignet.

Die Konstanz der Lichtgeschwindigkeit

Mit der zweiten Annahme, die Einstein gemacht hat, um die Lorentz-Transformation herzuleiten, wird das experimentelle Ergebnis des Michelson-Versuches zum Postulat erhoben.

Eine Messung der Lichtgeschwindigkeit ergibt in jeder Richtung den Wert c.

Es genügt, die Bedingung $c = $ konst. für ein System zu fordern, da dann aus dem Relativitätspostulat folgt, daß die Lichtgeschwindigkeit auch in anderen, relativ dazu bewegten Systemen den gleichen Wert c hat. Wir verwenden jetzt diese Annahme zur Bestimmung von $b(v)$.
Zum Zeitpunkt $t = t' = 0$ werde im Ursprung von K, der zu diesem Zeitpunkt mit dem von K' übereinstimmt, ein Lichtblitz gestartet. Die Koordinaten dieses Punktereignisses sind $(0,0,0,0)$ im System K und $(0,0,0,0)'$ im System K'. Das Licht trifft dann auf einen Schirm, der dabei kurz aufleuchtet (vgl. Bild 3.4). Ein in K ruhender Beobachter registriert dieses Ereignis an der Stelle x und zur Zeit t, also $(x,0,0,t)$. Dasselbe Ereignis, in K' beobachtet, ergibt $(x',0,0,t')'$. Aus dem Postulat von der Konstanz der Lichtgeschwindigkeit in jedem System folgt sofort $x = ct$ und $x' = ct'$. Setzt man dieses experimentelle Ergebnis in (3.6) ein, so ergibt sich:

$$
\begin{aligned}
c\,t' &= b(v)\,(ct - vt) \\
c\,t &= b(v)\,(ct' + vt')\,\,.
\end{aligned}
$$

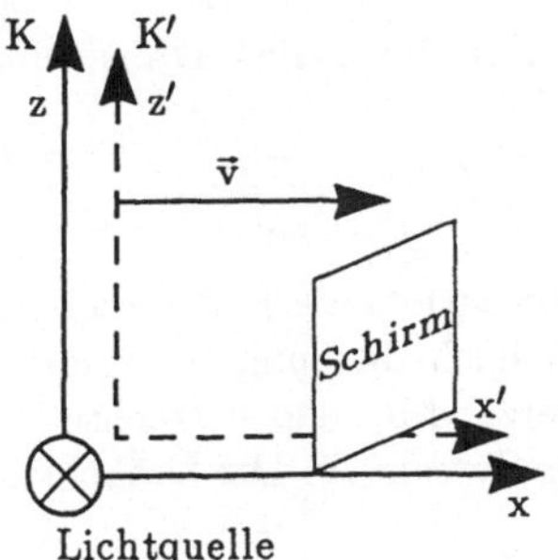

Bild 3.4 Experiment zur Bestimmung von $b(v)$ aus der Konstanz der Lichtgeschwindigkeit

Die Multiplikation der Gleichungen liefert

$$c^2 \, t \, t' \; = \; b(v)^2 \, (c^2 - v^2) \, t \, t'$$

und nach $b(v)$ aufgelöst

$$b(v) \; = \; \pm \, \frac{1}{\sqrt{1 - \frac{v^2}{c^2}}} \; = \; \pm \, \frac{1}{\sqrt{1 - \beta^2}} \; = \; \pm \gamma$$

mit $\beta = v/c$. Für $v = 0$ muß natürlich $x' = x$ sein; d.h. $b(v = 0) = +1$. Damit ergibt sich endgültig

$$b(v) \; = \; \frac{1}{\sqrt{1 - \beta^2}} \; = \; \gamma \quad , \tag{3.8}$$

und nach Einsetzen von (3.8) in (3.7) haben wir die Lorentz-Transformation hergeleitet. Sie lautet:

$$x' \; = \; \frac{x - vt}{\sqrt{1 - \beta^2}} \, , \quad y' \; = \; y \, , \quad z' \; = \; z \, , \quad t' \; = \; \frac{t - \frac{v}{c^2} x}{\sqrt{1 - \beta^2}} \quad . \tag{3.9}$$

Diese Transformation ist die Grundlage der speziellen Relativitätstheorie. Sie beschreibt den Zusammenhang zwischen den Koordinaten x, y, z, t und x', y', z', t' von zwei sich längs der x- bzw. x'-Achse relativ zueinander mit der Geschwindigkeit v bewegenden Inertialsystemen K und K'.

Für den Grenzfall $v \ll c$, d.h. $v/c \ll 1$ oder $\beta \to 0$, geht die Lorentz-Transformation in die Galilei-Transformation

$$x' = x - vt\,, \quad y' = y\,, \quad z' = z\,, \quad t' = t \tag{3.10}$$

über.

Die Umkehrtransformationen erhält man entweder durch Auflösen der Gleichungen (3.9) nach den ungestrichenen Größen oder, indem man $+v$ durch $-v$ ersetzt, d.h. man betrachtet von K' aus ein mit $-v$ relativ zu K' bewegtes System K. Die Umkehrtransformation lautet:

$$x = \frac{x' + vt'}{\sqrt{1 - \beta^2}}\,, \quad y = y'\,, \quad z = z'\,, \quad t = \frac{t' + \frac{v}{c^2}x'}{\sqrt{1 - \beta^2}} \quad . \tag{3.11}$$

3.3 Herleitung der Lorentz-Transformation ohne Benutzung des Postulats von der Konstanz der Lichtgeschwindigkeit

Wir haben die Lorentz-Transformation unter den Annahmen der Homogenität und Isotropie des Raumes und der Gültigkeit der beiden Einsteinschen Postulate hergeleitet. So wie man bei der Definition der Gleichzeitigkeit mit rein mechanischen Überlegungen auskam, so wollen wir jetzt zeigen, daß man auch bei der Herleitung der Lorentz-Transformation das zweite Einsteinsche Postulat, nämlich die Konstanz der Lichtgeschwindigkeit, also das Ergebnis des Michelson-Experiments, prinzipiell durch die Ergebnisse von anderen Experimenten ersetzen kann.

Die Form (3.7) der Transformationsgleichungen folgte aus der Isotropie und Homogenität des Raumes sowie aus dem Einsteinschen Relativitätsprinzip. Die Bedingung $c = $ konst. wurde erst zur Bestimmung von $b(v)$ benötigt. Hier soll jetzt ein anderes Experiment verwendet werden.

Ein idealisiertes Myonen-Experiment

Wir wollen zur Ermittlung von $b(v)$ zunächst ein idealisiertes Myonen-Experiment diskutieren. Das tatsächlich durchgeführte Experiment wird im nächsten Abschnitt beschrieben.

Myonen sind instabile geladene Teilchen, die entstehen, wenn kosmische Strahlung in die Erdatmosphäre eindringt. Sie zerfallen nach kurzer Zeit in ein Elektron, ein Neutrino (ν) und ein Antineutrino ($\bar{\nu}$)

$$\mu^- \to e^- + \nu + \bar{\nu}$$
$$\mu^+ \to e^+ + \nu + \bar{\nu} \ .$$

Wir stellen uns wieder zwei relativ zueinander bewegte Koordinatensysteme K und K' vor. Unser Laborsystem sei K, und K' sei das System des mit konstanter Geschwindigkeit v fliegenden Myons. Das Myon befindet sich im Ursprung von K' (vgl. Bild 3.5).

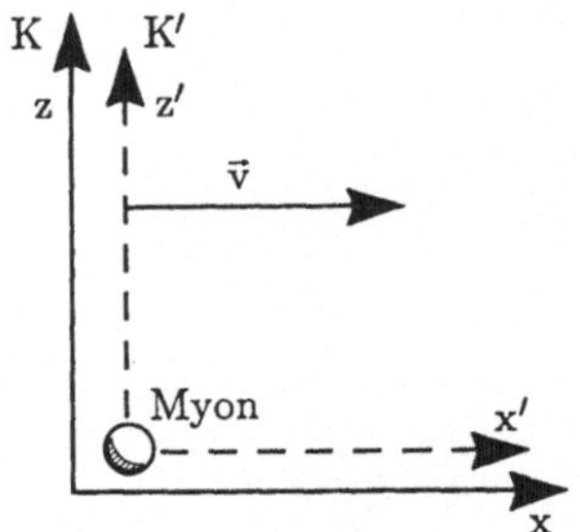

Bild 3.5 Das Myonen-Experiment

Als bewegte „Uhr" dient die Lebensdauer des Myons. Wie immer sollen die Nullpunkte der beiden Koordinatensysteme K und K' zur Zeit $t = t' = 0$ (= Zeitpunkt der Entstehung des Myons) zusammenfallen. Wir beobachten (mit geeigneten Nachweisgeräten) und vergleichen jeweils die Koordinaten zweier Punktereignisse, nämlich die Entstehung und den Zerfall des Myons, einmal in K und dann in K'. Dabei gilt

	in K	in K'
Entstehung des Myons	$(0,0,0,0)$	$(0,0,0,0)'$
Zerfall des Myons	$(x,0,0,t)$	$(0,0,0,t')'$

Unser idealisiertes Experiment wird in zwei Versuchen durchgeführt:

1. Versuch: Wir messen die Lebenszeit (mittlere Lebensdauer) eines ruhenden Myons $t_0 = 2,2 \cdot 10^{-6}$ s. (Die Zeitmessung des radioaktiven Zerfalls beruht natürlich auf einem statistischen Mittelwert.) Aus dem Einsteinschen Relativitätsprinzip folgt, daß für die Zerfallskoordinate in K' gelten muß $t' = t_0$, denn in K' ist das Myon ja in Ruhe.

2. Versuch: Wir messen im Laborsystem K die Koordinate x oder t des Myons als Funktion von v; d.h. wir messen etwa den Weg x, den ein Teilchen mit bekannter Geschwindigkeit $v (= \text{const.})$ während seiner Lebensdauer zurücklegt. Dann ist

$$t(v) \;=\; \frac{x}{v} \quad .$$

Als Ergebnis des Experiments erhält man für $t(v)$ den in Bild 3.6 gezeigten Verlauf.

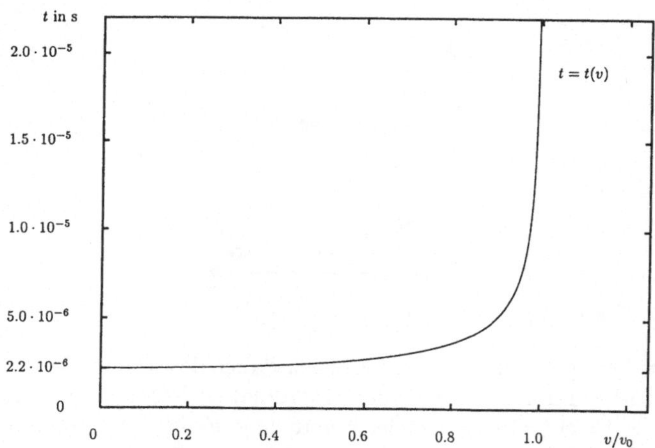

Bild 3.6 Der Verlauf $t(v)$ beim Myonen-Experiment

Die Zerfallszeit t im Labor hängt also von der Geschwindigkeit ab, sie strebt sogar bei einer Grenzgeschwindigkeit v_0 gegen Unendlich. Aus diesem Experiment wollen wir $b(v)$ bestimmen: Unser Ausgangspunkt waren die Gleichungen (3.6):

$$x' \;=\; b(v)(x - vt)$$
$$x \;=\; b(v)(x' + vt') \quad .$$

Für die Zerfallskoordinaten des Myons gilt

$$x = v\,t(v) \qquad \text{und} \qquad x' = 0\,,\; t' = t_0 \quad .$$

In (3.6b) eingesetzt, ergibt sich

$$v\,t(v) = b(v)\,v\,t_0 \qquad \text{und somit} \qquad b(v) = t(v)/t_0 \quad .$$

Da t_0 und $t(v)$ aus dem Experiment gewonnen werden, ist damit $b(v)$ bestimmt, ohne daß wir die Bedingung $c = $ const. verwendet haben! Der experimentell ermittelte Verlauf für $t(v)$ läßt sich durch eine zweiparametrige Funktion der Form

$$t(v) = \frac{t_0}{\sqrt{1 - \frac{v^2}{v_0^2}}}$$

darstellen, wobei $t_0 \approx 2,2 \cdot 10^{-6}\,$s und die Grenzgeschwindigkeit $v_0 \approx 3 \cdot 10^8\,$m/s ist.

Kurze Beschreibung des tatsächlich durchgeführten Myonen-Experiments

Ein Experiment dieser Art wurde 1941 von B. Rossi und D.B. Hall durchgeführt. Ein Detektor (Plastik-Szintillationszähler) wurde so gebaut, daß er nur Myonen einer ganz bestimmten Geschwindigkeit registrierte. Ein Myon muß, um gezählt zu werden, im Szintillator zur Ruhe kommen und dort zerfallen. Man kann einen bestimmten Geschwindigkeitswert aussondern, indem man nur diejenigen Myonen berücksichtigt, die in einer bestimmten, relativ geringen Schichtdicke des Plastikmaterials nach Durchlaufen einer bestimmten Schichtdicke von Materie (Eisen und Luft) steckenbleiben. Myonen mit einer geringeren Geschwindigkeit als der ausgewählten werden abgestoppt, bevor sie die Plastikschicht erreichen; solche mit höherer Geschwindigkeit durchschlagen die Plastikschicht und werden ebenfalls nicht registriert.

Wie schon erwähnt, entstehen Myonen beim Eintreten kosmischer Strahlen in die Erdatmosphäre, also in großer Höhe (≈ 10 km). Sie bewegen sich mit nahezu Lichtgeschwindigkeit zur Erde hin. Das Experiment (vgl. Bild 3.7) besteht in der Messung des Zerfalls dieser schnellen Myonen im Laborsystem, verglichen mit dem Zerfall im Ruhsystem der Myonen.

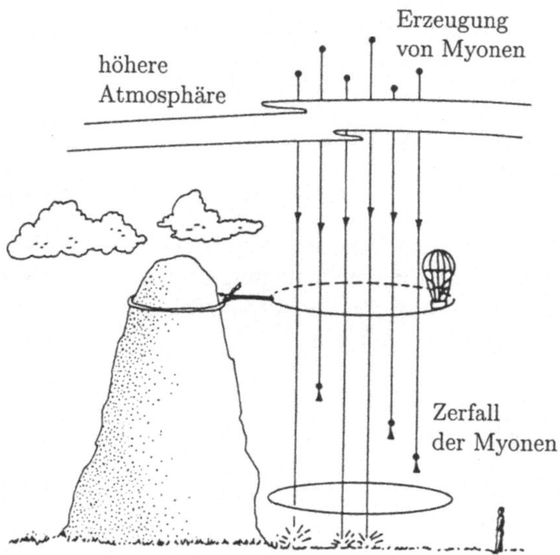

Bild 3.7   Das Myonen-Experiment von Rossi und Hall 1941 (aus: Einsteins Ideen, Spektrum der Wissenschaft Verlagsgesellschaft, 1988)

Dazu wurde ein Detektor (A) in einer Höhe von 1910 m auf dem Gipfel des Mt. Washington, New Hampshire, aufgestellt. Dieser Detektor war so eingestellt, daß nur solche Myonen gezählt wurden, die sich mit einer Geschwindigkeit zwischen $0,9950\,c$ und $0,9954\,c$, also im Mittel mit 99,52 % der Lichtgeschwindigkeit, bewegten. Es ergab sich eine Zählrate von 563 ± 10 Myonen pro Stunde. Der gleiche Detektor, aufgestellt in einer Höhe von nur 3 m über dem Meeresspiegel (B), ergab eine Zählrate von 408 ± 9 Myonen pro Stunde. (Das Experiment setzt natürlich voraus, daß die Intensität der kosmischen Strahlung zeitlich und räumlich über die im Experiment auftretenden Zeiten und Abstände konstant ist.)

Wir wollen nun das Meßergebnis auswerten. Dazu sei zuvor noch an das Zerfallsgesetz erinnert:

$$N(t) \;=\; N_0\, e^{-t/t_0} \quad .$$

Dabei ist N_0 die Zahl der Myonen zur Zeit $t = 0$, $N(t)$ die Zahl der zur Zeit t noch nicht zerfallenen Myonen und t_0 die mittlere Lebensdauer, die sich für ruhende Myonen aus einer weiteren Messung zu

$t_0 = 2,2 \cdot 10^{-6}\,$s ergibt. Gehen wir von der Laborzeit aus, so können wir die Flugzeit t_{Flug} der Myonen zwischen Bergspitze und Meereshöhe berechnen:

$$t_{\mathrm{Flug}} = \frac{1\,910\,\mathrm{m} - 3\,\mathrm{m}}{0,9952 \cdot 3 \cdot 10^{8}\mathrm{m/s}} = 6,4 \cdot 10^{-6}\mathrm{s} = 6,4\,\mu\mathrm{s} \quad .$$

Wir können nach dem Zerfallsgesetz die Anzahl der in einer bestimmten Zeit t noch nicht zerfallenen ruhenden Myonen berechnen:

abgelaufene Zeit in μs	0	1	2	3	4	5	6	7	8
Anzahl der noch nicht zerfallenen Myonen	563	357	227	144	91	58	37	23	15

Würden nun bewegte Myonen in genau der gleichen Weise zerfallen wie ruhende, so würde man erwarten, daß in Meereshöhe nach $6,4 \cdot 10^{-6}\,$s längerer Flugzeit noch etwa 31 Myonen pro Stunde gezählt werden. Die tatsächliche Messung ergab jedoch eine Zählrate von 408 Myonen pro Stunde. Nach der „Uhr" der bewegten Myonen wurde dieser Höhenunterschied also in weniger als $1\,\mu$s durchlaufen! Die genaue Rechnung, nämlich

$$408 = 563\, e^{-t/2,2 \cdot 10^{-6}\,\mathrm{s}} \quad ,$$

ergibt $t = 0,71\,\mu$s. D.h., die bewegte Uhr des Myons geht bei einer Geschwindigkeit von $v = 0,9952\,c$ um den Faktor $6{,}4/0{,}71 = 9$ langsamer als eine ruhende Uhr. Nach dieser tatsächlich durchgeführten Messung ist

$$t(v = 0,9952c) = 9\,t_0$$

und damit

$$b(v = 0,9952c) = t(v = 0,9952c)/t_0 = 9 \quad .$$

Vergleicht man dies für $v = 0,9952c$ mit

$$b(v) = \frac{1}{\sqrt{1 - \frac{v^2}{c^2}}} = \frac{1}{\sqrt{1 - \left(\frac{0,9952\,c}{c}\right)^2}} = 10,2 \quad ,$$

so findet man innerhalb der experimentellen und statistischen Fehler eine befriedigende Übereinstimmung.

Fassen wir noch einmal zusammen: Wir können auf Meeresniveau noch Myonen feststellen, obwohl sie in etwa 10 km Höhe entstehen; sie fliegen bedeutend weiter als nur

$$c\, t_0 \;=\; 3\cdot 10^8\,\mathrm{m/s}\cdot 2,2\cdot 10^{-6}\,\mathrm{s} \;=\; 660\,\mathrm{m}\quad.$$

Sie „leben länger"! – Man nennt diesen Effekt Zeitdilatation (siehe dazu auch Abschnitt 4.5).

3.4 Übungsaufgaben

Aufgabe 3.1.   Man leite die Formeln der Lorentz-Transformation für den Fall ab, daß die Geschwindigkeit v des bewegten Systems K' nicht in Richtung der x-Achse des ruhenden Systems K zeigt, sondern eine beliebige Richtung hat.

Aufgabe 3.2.   Ausgehend von einer ruhenden Lichtquelle (Quasar), entfernen sich zwei andere Lichtquellen (Jets mit leuchtenden Knoten) mit entgegengesetzter Geschwindigkeit v. Ein weit entfernter Beobachter, dessen Sichtlinie den Winkel ϑ gegenüber der Bewegungsrichtung einschließt, sieht, daß sich die beiden Objekte mit gewissen Winkelgeschwindigkeiten von der ruhenden Quelle entfernen.
Auf welche (scheinbaren) Geschwindigkeiten schließt er dann bei bekannter Entfernung der Objekte?
Wann treten dabei Überlichtgeschwindigkeiten auf?
Für welchen Winkel ϑ wird diese Geschwindigkeit maximal?

Aufgabe 3.3.   Man zeige die Lorentz-Invarianz des D'Alembert-Operators

$$\triangle - \frac{1}{c^2}\frac{\partial^2}{\partial t^2}\quad.$$

4 Eigenschaften der Lorentz-Transformation

Nach dem vorangegangenen Kapitel muß der Leser von der Richtigkeit der Lorentz-Transformation überzeugt sein, falls nicht, möge er Kapitel 3 nochmals langsam und gründlich studieren. Wir diskutieren jetzt, ohne an ihrer Korrektheit zu zweifeln, die Eigenschaften der Lorentz-Transformation

$$x' = \frac{x - vt}{\sqrt{1 - \beta^2}}, \quad y' = y, \quad z' = z, \quad t' = \frac{t - \frac{v}{c^2}x}{\sqrt{1 - \beta^2}} \quad , \quad (4.1a)$$

$$x = \frac{x' + vt'}{\sqrt{1 - \beta^2}}, \quad y = y', \quad z = z', \quad t = \frac{t' + \frac{v}{c^2}x'}{\sqrt{1 - \beta^2}} \quad , \quad (4.1b)$$

also des Zusammenhangs zwischen den Koordinaten (x, y, z, t) eines Punktereignisses, das von einem System K und einem System K', die sich relativ zueinander längs der x-(bzw. x'-)Achse mit der konstanten Geschwindigkeit v bewegen, aus beobachtet wird.

4.1 Das vierdimensionale Raum-Zeit-Kontinuum

Die Minkowski-Darstellung

H. Minkowski hat 1908 eine mathematisch elegante Methode gefunden, die es gestattet, die Naturgesetze so zu formulieren, daß ihre Invarianz gegenüber Lorentz-Transformationen unmittelbar sichtbar ist. Das Vorbild für die Minkowskische Methode ist die bekannte Vektorrechnung im dreidimensionalen Raum. Diese ist aus dem Bestreben heraus entstanden, Größen zur Verfügung zu haben, die sich bei räumlichen Drehungen, also bei dreidimensionalen orthogonalen Transformationen, in wohl definierter Weise verhalten. Die Formulierung eines

Naturgesetzes mit Skalaren, Vektoren, Tensoren usw. wie beispielsweise das Newtonsche Gesetz $\boldsymbol{K}^N = m\ddot{\boldsymbol{r}}$ zeigt sofort, daß das Gesetz in einem räumlich verdrehten Koordinatensystem genau die gleiche Form hat. Die drei Komponenten von $\boldsymbol{K}^N$ und $\ddot{\boldsymbol{r}}$ transformieren sich bei räumlichen Drehungen in der gleichen Weise, und m ist bei Drehungen ein Skalar. Die Methode von Minkowski besteht nun in einer Erweiterung der Vektorrechnung bezüglich dreidimensionaler Raumdrehungen auf Transformationen im vierdimensionalen Raum-Zeit-Kontinuum.

Diese Erweiterung geht nicht direkt, da die Lorentz-Transformationen in der Form (4.1) keine orthogonalen Transformationen sind. Das sieht man sofort, wenn man sie in Matrixform schreibt:

$$
\begin{pmatrix} x' \\ y' \\ z' \\ t' \end{pmatrix} = \begin{pmatrix} \frac{1}{\sqrt{1-\beta^2}} & 0 & 0 & \frac{-v}{\sqrt{1-\beta^2}} \\ 0 & 1 & 0 & 0 \\ 0 & 0 & 1 & 0 \\ \frac{-v/c^2}{\sqrt{1-\beta^2}} & 0 & 0 & \frac{1}{\sqrt{1-\beta^2}} \end{pmatrix} \begin{pmatrix} x \\ y \\ z \\ t \end{pmatrix} . \tag{4.2}
$$

Der Trick von Minkowski bestand nun darin, daß er neben den drei kartesischen Koordinaten x, y, z als vierte Koordinate nicht einfach die Zeit t, sondern die rein imaginäre Größe ict einführte. Den Ortsvektor in diesem vierdimensionalen Raum-Zeit-Kontinuum (genannt „Minkowski-Welt") bezeichnen wir mit

$$
\{x_\mu\} = \{x_1, x_2, x_3, x_4\} = \{x, y, z, ict\} \quad . \tag{4.3}
$$

Er beschreibt ein Punktereignis in dieser Raum-Zeit. Berechnet man nun aus (4.2) das Verhalten von $\{x_\mu\}$ bei Lorentz-Transformationen, so ergibt sich:

$$
\begin{pmatrix} x' \\ y' \\ z' \\ ict' \end{pmatrix} = \begin{pmatrix} \frac{1}{\sqrt{1-\beta^2}} & 0 & 0 & \frac{i\beta}{\sqrt{1-\beta^2}} \\ 0 & 1 & 0 & 0 \\ 0 & 0 & 1 & 0 \\ \frac{-i\beta}{\sqrt{1-\beta^2}} & 0 & 0 & \frac{1}{\sqrt{1-\beta^2}} \end{pmatrix} \begin{pmatrix} x \\ y \\ z \\ ict \end{pmatrix} . \tag{4.4}
$$

Die Transformations-Matrix L_β

$$
L_\beta = \begin{pmatrix} \frac{1}{\sqrt{1-\beta^2}} & 0 & 0 & \frac{i\beta}{\sqrt{1-\beta^2}} \\ 0 & 1 & 0 & 0 \\ 0 & 0 & 1 & 0 \\ \frac{-i\beta}{\sqrt{1-\beta^2}} & 0 & 0 & \frac{1}{\sqrt{1-\beta^2}} \end{pmatrix} \tag{4.5}
$$

hat die folgenden Eigenschaften:

$$\mathrm{Det}\, L_\beta \;=\; +1 \tag{4.6a}$$

$$\sum_\kappa L_{\mu\kappa} L_{\nu\kappa} \;=\; \delta_{\mu\nu} \tag{4.6b}$$

$$\sum_\kappa L_{\kappa\mu} L_{\kappa\nu} \;=\; \delta_{\mu\nu} \tag{4.6c}$$

$$L_\beta \cdot L_\beta^T \;=\; \mathbb{1}\,, \quad L_\beta^T = L_\beta^{-1}\,, \tag{4.6d}$$

wobei $\delta_{\mu\nu} = \begin{cases} 1 & \text{für } \mu = \nu \\ 0 & \text{für } \mu \neq \nu \end{cases}$ das Kronecker-Symbol ist, und $L_{\mu\nu}$ die Elemente von L_β bezeichnet. L_β^T ist die transponierte, L_β^{-1} die inverse Matrix von L_β und $\mathbb{1}$ die Einheitsmatrix. Die inverse Matrix L_β^{-1} erhält man aus L_β durch Vertauschen von Zeilen und Spalten. Dem entspricht genau das Vertauschen von v mit $-v$. Man beachte: Die Matrix L_β ist im üblichen Sinne eine orthogonale und keine unitäre Matrix. Trotz des Auftretens der imaginären Einheit i wird einfach multipliziert und nicht das Konjugiert-Komplexe gebildet.

Die Transformationsmatrix L_β für $\{x_\mu\}$ ist also im obigen Sinne tatsächlich eine orthogonale Matrix, die Lorentz-Transformation (4.5) also formal eine Drehung in der x-ict-Ebene. Daraus leitet man sofort ab, daß das Betragsquadrat des vierdimensionalen Ortsvektors $x^2 + y^2 + z^2 - (ct)^2$ bei Lorentz-Transformationen erhalten bleibt. Physikalisch bedeutet dies, daß die „Lichtkugel" $x^2 + y^2 + z^2 - (ct)^2 = x'^2 + y'^2 + z'^2 - (ct')^2 = 0$ eines Lichtblitzes am Ursprung von K und K' zum Zeitpunkt $t = t' = 0$ invariant gegenüber Lorentz-Transformationen ist. Die Lorentz-Invarianz von $x^2 + y^2 + z^2 - (ct)^2$ stellt somit die mathematische Formulierung des negativen Ausgangs des Michelson-Morley-Experiments dar.

Das Betragsquadrat $ds^2 = dx^2 + dy^2 + dz^2 - d(ct)^2$ der Differenz der Ortsvektoren zweier infinitesimal benachbarter Punkte ist natürlich ebenfalls invariant gegenüber Lorentz-Transformationen. Diese Eigenschaft ist der Ausgangspunkt für die mathematische Formulierung in Kapitel 5.

Der Geschwindigkeitsparameter

Die Matrix L_β läßt sich mit Hilfe der Hyperbelfunktionen in einer einfachen Form schreiben. Dazu führt man den Geschwindigkeitsparameter θ ein

$$v = c \tanh\theta \quad \text{bzw.} \quad \tanh\theta = \frac{v}{c} = \beta \ . \tag{4.7}$$

Wegen der Eigenschaften der Hyperbelfunktionen

$$\cosh\theta = \frac{1}{\sqrt{1 - \tanh^2\theta}}$$

$$\sinh\theta = \frac{\tanh\theta}{\sqrt{1 - \tanh^2\theta}}$$

$$1 = \cosh^2\theta - \sinh^2\theta$$

läßt sich L_β schreiben:

$$L_\beta = L(\theta) = \begin{pmatrix} \cosh\theta & 0 & 0 & i\sinh\theta \\ 0 & 1 & 0 & 0 \\ 0 & 0 & 1 & 0 \\ -i\sinh\theta & 0 & 0 & \cosh\theta \end{pmatrix} \ . \tag{4.8}$$

Diese Darstellung der Lorentz-Transformation als „Drehung" um einen Winkel θ ist deshalb praktisch, weil damit aus den Additionstheoremen der Hyperbelfunktionen für die Hintereinanderschaltung von Transformationen $(v_i = c \tanh\theta_i)$

$$L(\theta_1) \cdot L(\theta_2) = L(\theta_1 + \theta_2) \tag{4.9}$$

folgt.

4.2 Das Einsteinsche Additionstheorem der Geschwindigkeiten

Herleitung der Additionsformel

Nach der Galileischen Kinematik addieren sich zwei Geschwindigkeiten einfach vektoriell: Ist beispielsweise v_1 die Geschwindigkeit eines Fahrzeugs (gestrichenes Koordinatensystem) gegenüber einem ruhenden Beobachter (ungestrichenes System) und bewegt sich ein Massenpunkt im Fahrzeug relativ zu diesem mit der Geschwindigkeit v_2, so bewegt er sich relativ zum ruhenden Beobachter mit der Geschwindigkeit v_3

$$v_3 = v_1 + v_2 \ . \tag{4.10}$$

Dies ist unmittelbar aus der Galilei-Transformation (2.2) zu ersehen.

In der Relativitätstheorie ist der Zusammenhang zwischen diesen Geschwindigkeiten anders und durch die Lorentz-Transformation bestimmt. Zu seiner Ableitung betrachten wir drei Koordinatensysteme K, K', K'', die sich relativ zueinander längs ihrer x-Achsen mit konstanten Geschwindigkeiten bewegen. Dabei bezeichnet v_1 die Geschwindigkeit von K' relativ zu K und v_2 die von K'' relativ zu K' (siehe Bild 4.1).

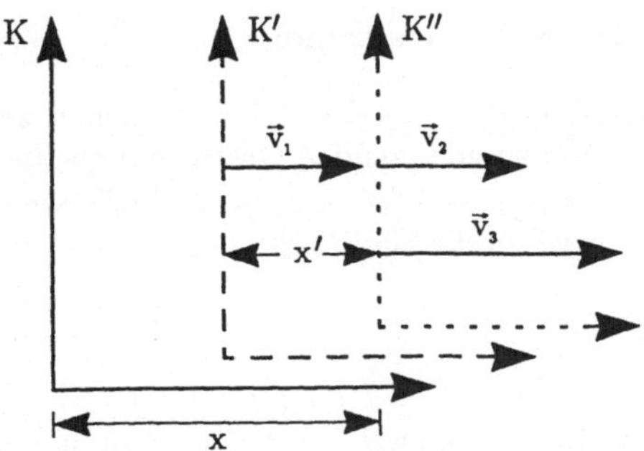

Bild 4.1 Zur relativistischen Geschwindigkeitsaddition

Wir wollen nun die Geschwindigkeit v_3 berechnen, mit der sich K'' relativ zum ruhenden System K bewegt. Dazu vereinbaren wir noch, daß zum Zeitpunkt $t = t' = t'' = 0$ die Ursprünge der drei Koordinatensysteme zusammenfallen. Der Koordinatenursprung von K'' hat in K die Koordinate x und in K' die Koordinate x'. Dann gilt

$$x = v_3 t \quad \text{und} \quad x' = v_2 t' \quad .$$

Den Zusammenhang zwischen den Koordinaten (x, t) in K und (x', t') in K' liefert die Lorentz-Transformation (4.1b) mit der Geschwindigkeit v_1. Es ist somit

$$x = \frac{x' + v_1 t'}{\sqrt{1 - \left(\frac{v_1}{c}\right)^2}} = \frac{v_2 t' + v_1 t'}{\sqrt{1 - \left(\frac{v_1}{c}\right)^2}} = \frac{(v_1 + v_2)\, t'}{\sqrt{1 - \left(\frac{v_1}{c}\right)^2}} \quad \text{und}$$

$$t = \frac{t' + \frac{v_1}{c^2} x'}{\sqrt{1 - \left(\frac{v_1}{c}\right)^2}} = \frac{t' + \frac{v_1 v_2}{c^2} t'}{\sqrt{1 - \left(\frac{v_1}{c}\right)^2}} = \frac{\left(1 + \frac{v_1 v_2}{c^2}\right) t'}{\sqrt{1 - \left(\frac{v_1}{c}\right)^2}} \quad .$$

Damit erhält man v_3 zu:

$$v_3 = \frac{x}{t} = \frac{v_1 + v_2}{1 + \frac{v_1 v_2}{c^2}} \quad . \tag{4.11}$$

Dies ist das berühmte Einsteinsche Additionstheorem der Geschwindigkeiten. Im Prinzip ließe sich durch derartige Experimente und genaues Vermessen der auftretenden Geschwindigkeiten die Funktion $b(v)$ (3.2) und damit die Form der Lorentz-Transformation bestimmen.

Eigenschaften der Additionsformel

a) Die resultierende Geschwindigkeit ist stets kleiner als die Summe $v_1 + v_2$ der beiden zu addierenden Geschwindigkeiten.

b) Für $v_1, v_2 \ll c$, also $v_1/c, v_2/c \ll 1$, geht die Einsteinsche Additionsformel natürlich in die Galileische Form

$$v_3 = v_1 + v_2$$

über.

c) Die aus der Addition von zwei Geschwindigkeiten $v_1, v_2 < c$ resultierende Geschwindigkeit ist stets kleiner c. Zum Beweis gehen wir aus von

$$(c - v_1)(c - v_2) > 0 \quad \text{bzw.} \quad c^2 + v_1 v_2 - c(v_1 + v_2) > 0 \quad .$$

Die Division der Ungleichung durch c und Addition von $v_1 + v_2$ ergibt

$$c \left(1 + \frac{v_1 v_2}{c^2}\right) > v_1 + v_2$$

und somit

$$c > \frac{v_1 + v_2}{1 + \frac{v_1 v_2}{c^2}} = v_3 \quad .$$

Als ein Zahlenbeispiel für diese Eigenschaft berechnen wir v_3 für $v_1 = v_2 = \frac{3}{4}\,c$:

$$v_3 = \frac{\frac{6}{4}\,c}{1 + \frac{9c^2}{16c^2}} = 0,96\,c \quad .$$

d) Speziell für $v_2 = c$ ergibt die Additionsformel

$$v_3 = \frac{v_1 + c}{1 + \frac{v_1}{c}} = c$$

unabhängig von der Größe von v_1. Dies ist genau die Aussage des Michelson-Experiments; das Licht, auch einer bewegten Lichtquelle, hat in jedem System stets die Geschwindigkeit c. Hiermit ist nochmals gezeigt, daß es keine Geschwindigkeit (Signalgeschwindigkeit) gibt, die größer ist als die Vakuumlichtgeschwindigkeit, also die in die Lorentz-Transformation eingehende Grenzgeschwindigkeit.

e) Verwendet man den Geschwindigkeitsparameter θ aus Abschnitt 4.1, nämlich $v = c\tanh\theta$, so sieht man sofort die Äquivalenz des Additionstheorems für tanh und des Einsteinschen Additionstheorems für Geschwindigkeiten:

$$\tanh\theta_3 = \tanh(\theta_1 + \theta_2) = \frac{\tanh\theta_1 + \tanh\theta_2}{1 + \tanh\theta_1 \cdot \tanh\theta_2} \quad ,$$

$$\frac{v_3}{c} = \frac{v_1}{c} \overset{\underset{\mathrm{Einstein-\,Addition}}{}}{\oplus} \frac{v_2}{c} = \frac{\frac{v_1}{c} + \frac{v_2}{c}}{1 + \frac{v_1 v_2}{c^2}} \quad ,$$

$$(4.12)$$

d.h., die Geschwindigkeitsparameter addieren sich einfach $\theta_3 = \theta_1 + \theta_2$, womit wir wieder bei dem Ergebnis (4.9) für die Hintereinanderschaltung zweier Lorentz-Transformationen

$$L(\theta_1) \cdot L(\theta_2) \; = \; L(\theta_1 + \theta_2) \; = \; L(\theta_3) \tag{4.9}$$

angelangt sind.

Eine Transformation von einem System K in ein System K' und von dort aus weiter in ein System K'' entspricht einer Transformation von K nach K'', wobei sich dann diese beiden Systeme relativ zueinander mit der aus der Einsteinschen Additionsformel ermittelten Geschwindigkeit bewegen. Die Hintereinanderschaltung zweier Lorentz-Transformationen ist damit gleich einer Transformation mit der sich aus dem Einsteinschen Additionstheorem ergebenden Geschwindigkeitssumme der beiden Einzeltransformationen.

Anwendung des Einsteinschen Additionstheorems: der Fizeau-Versuch

Das Ergebnis des Fizeau-Versuches (2.7) ist eine direkte Folge des Einsteinschen Additionstheorems. Wir bezeichnen mit $v_1 = v$ die Geschwindigkeit der strömenden Flüssigkeit relativ zum ruhenden Laborsystem, mit $v_2 = c/n$ die Geschwindigkeit des Lichts relativ zur strömenden Flüssigkeit und mit v_3 die gesuchte Geschwindigkeit des Lichtes relativ zum Laborsytem. Nach dem Einsteinschen Additionstheorem wird

$$v_3 \; = \; \frac{v_1 + v_2}{1 + \frac{v_1 v_2}{c^2}} \; = \; \frac{v + \frac{c}{n}}{1 + \frac{v}{nc}} \;\; .$$

Für $v \ll c$ läßt sich dieser Quotient entwickeln, und man erhält

$$v_3 \; \approx \; \left(v + \frac{c}{n} \right) \left(1 - \frac{v}{nc} \right) \; \approx \; v + \frac{c}{n} - \frac{v}{n^2} \;\; .$$

Bei Vernachlässigung der in v quadratischen Glieder – sie sind mit der experimentell erreichbaren Meßgenauigkeit sowieso nicht nachweisbar – wird genau das Ergebnis des Fizeau-Versuches bestätigt:

$$v_3 \; \approx \; \frac{c}{n} + v \left(1 - \frac{1}{n^2} \right) \;\; .$$

Damit wird der Fizeau-Versuch – ehemals als bester experimenteller Nachweis eines ruhenden Äthers angesehen – zu einem weiteren besonders schönen Beweis für die Richtigkeit der Lorentz-Transformation.

4.3 Die Gruppe der speziellen Lorentz-Transformationen

Die speziellen Lorentz-Transformationen L_β bilden mit der Hintereinanderschaltung als Verknüpfung eine Gruppe:

1. Zwei Lorentz-Transformationen, miteinander verknüpft, ergeben wieder eine Lorentz-Transformation (siehe 4.2)

$$L_{\beta_1} \cdot L_{\beta_2} = L_{\beta_3} \ , \ \text{mit } \beta_3 = \frac{\beta_1 + \beta_2}{1 + \beta_1 \beta_2} \ \text{oder } \theta_3 = \theta_1 + \theta_2 \quad .$$

2. Die Assoziativität gilt allgemein bei Matrizen-Multiplikation:

$$(L_{\beta_1} \cdot L_{\beta_2}) \cdot L_{\beta_3} = L_{\beta_1} \cdot (L_{\beta_2} \cdot L_{\beta_3}) \quad .$$

3. Es existiert eine identische Lorentz-Transformation für $\beta = 0$, nämlich die Einheitsmatrix $\mathbb{1}$.

4. Zu jeder Lorentz-Transformation gibt es eine inverse Transformation:

$$L_\beta^{-1} = L_\beta^T = L_{-\beta} \quad .$$

Die speziellen Lorentz-Transformationen bilden also eine einparametrige Gruppe, die zusätzlich wegen

$$L(\theta_1) \cdot L(\theta_2) = L(\theta_1 + \theta_2) = L(\theta_2) \cdot L(\theta_1)$$

abelsch ist.

4.4 Die allgemeine Lorentz-Transformation

Bisher haben wir den Spezialfall der Relativbewegung zweier Koordinatensysteme längs ihrer parallelen x-Achsen betrachtet und zusätzlich angenommen, daß auch ihre y- und z-Achsen parallel liegen und daß zur Zeit $t = t' = 0$ die Koordinatenursprünge zusammenfallen. Transformationen zwischen solchen Koordinatensystemen heißen spezielle homogene Lorentz-Transformationen. Wir betrachten nun allgemeine homogene Lorentz-Transformationen, d.h., Transformationen zwischen zwei Koordinatensystemen, deren Ursprünge zur Zeit $t = t' = 0$ weiterhin zusammenfallen, deren Achsen aber beliebig orientiert sind. Wir zeigen jetzt, daß wir diese Lorentz-Transformation L dadurch erzeugen können, daß wir nacheinander erst eine räumliche Drehung D_1, dann eine spezielle Lorentz-Transformation L_β und schließlich eine weitere räumliche Drehung D_2 ausführen

$$L = D_2 \cdot L_\beta \cdot D_1 \quad . \tag{4.13}$$

Man beachte, daß die an sich dreidimensionalen Drehmatrizen für unsere Transformationen im Vierdimensionalen zu 4×4-Matrizen erweitert werden müssen in der Form

$$D(\alpha, \beta, \gamma) = \begin{pmatrix} D_{11} & D_{12} & D_{13} & 0 \\ D_{21} & D_{22} & D_{23} & 0 \\ D_{31} & D_{32} & D_{33} & 0 \\ 0 & 0 & 0 & 1 \end{pmatrix} \quad ,$$

da bei rein räumlichen Drehungen die Zeit nicht transformiert wird. Die Ausgangssituation ist in Bild 4.2 dargestellt; wir diskutieren jetzt die drei einzelnen Transformationsschritte:

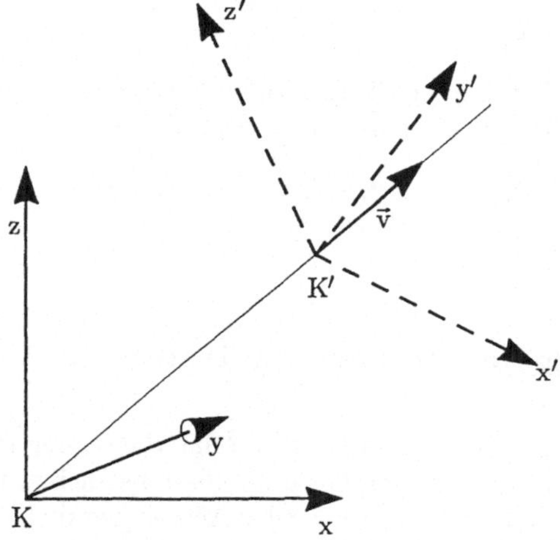

Bild 4.2 K und K' liegen beliebig orientiert im Raum und bewegen sich relativ zueinander mit der Geschwindigkeit v.

1. Schritt (Bild 4.3a): Durch die Drehung D_1 wird das Koordinatensystem K so gedreht, daß seine x-Achse in v-Richtung zeigt $(K \xrightarrow{D_1} \tilde{K})$. Zu dieser Drehung braucht man nur zwei Eulersche

Winkel α_1, β_1, da bei diesem Schritt die Orientierung der y- und z-Achse egal ist.

2. Schritt (Bild 4.3b): Da die $\tilde{x}$-Achse von $\tilde{K}$ jetzt mit der Geschwindigkeitsrichtung übereinstimmt, wird die spezielle Lorentz-Transformation L_β ausgeführt. Man erhält so ein Koordinatensystem $\hat{K}$, das sich relativ zu $\tilde{K}$ mit der Geschwindigkeit v längs ihrer gemeinsamen $\tilde{x}$-(bzw. $\hat{x}$)-Achsen bewegt; die beiden anderen Achsen sind parallel.

3. Schritt (Bild 4.3c): Jetzt muß nur noch das System $\hat{K}$ so gedreht werden, daß seine Achsen mit denen von K' übereinstimmen. Dies ist einfach eine Drehung D_2 im dreidimensionalen Raum, die durch drei Eulersche Winkel $\alpha_2, \beta_2, \gamma_2$ beschrieben wird ($\hat{K} \xrightarrow{D_2} K'$).

Wir haben somit die allgemeine homogene Lorentz-Transformation durch eine spezielle Lorentz-Transformation L_β und zwei räumliche Drehungen D_1 und D_2 erzeugt. Da die räumlichen Drehungen ebenfalls orthogonale Transformationen sind, bilden offensichtlich auch die allgemeinen homogenen Lorentz-Transformationen eine Gruppe. Die allgemeine homogene Lorentz-Transformation hat insgesamt sechs freie Parameter, nämlich

$$\alpha_1, \ \beta_1, \ v, \ \alpha_2, \ \beta_2, \ \gamma_2 \ \ . \tag{4.14}$$

Die Zahl der unabhängigen Parameter läßt sich auch wie folgt bestimmen: Die allgemeinen homogenen Lorentz-Transformationen werden durch orthogonale 4×4-Matrizen dargestellt, deren 16 Elemente aufgrund der Orthogonalität 10 Bedingungen erfüllen müssen, so daß genau 6 freie Parameter übrigbleiben.

Gibt man zusätzlich noch die Bedingung, daß die beiden Koordinatenursprünge zur Zeit $t = t' = 0$ zusammenfallen, auf, so gelangt man zur allgemeinen inhomogenen Lorentz-Transformation:

$$\{x'_\mu\} \ = \ L\{x_\mu\} + \{x_{\mu_0}\} \ \ , \tag{4.15}$$

wobei $\{x_{\mu_0}\}$ die Verschiebung des Anfangspunktes darstellt. Zu den sechs unabhängigen Parametern (4.14) der allgemeinen homogenen Lorentz-Transformation kommen bei der allgemeinen inhomogenen noch vier weitere $\{x_{\mu_0}\}$ hinzu. Die allgemeine Lorentz-Transformation hat somit zehn unabhängige Parameter. Auf die Bedeutung dieser Parameter und die Folgerungen daraus wird in Abschnitt 6.3 eingegangen.

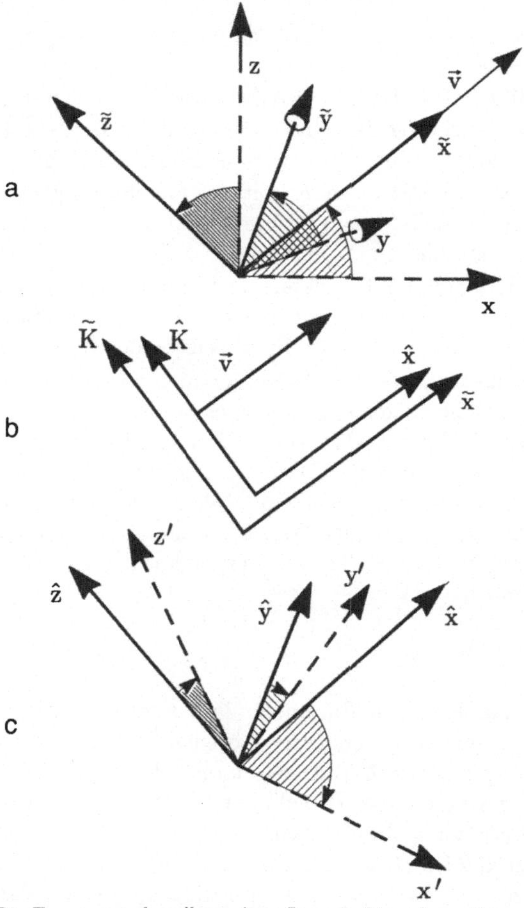

Bild 4.3 Die Erzeugung der allgemeinen Lorentz-Transformation aus zwei Drehungen und einer speziellen Lorentz-Transformation

Unsere Überlegungen zeigen auch, daß es zur Untersuchung der Raum-Zeit-Struktur und bei der Formulierung der relativistischen Gesetze in den allermeisten Fällen genügt, spezielle homogene Lorentz-Transformationen zu betrachten.

4.5 Die Struktur der Raum-Zeit

Zwei Konsequenzen der Raum-Zeit-Struktur, in der wir offensichtlich leben und die wir aufgrund unserer Erfahrungen anschaulich nicht verstehen können, sind, wie schon mehrfach erwähnt, die Längenkontraktion und die Zeitdilatation. Beide Erscheinungen sollen jetzt noch etwas genauer diskutiert werden.

Die Längenkontraktion

Die aus der Lorentz-Transformation direkt abzuleitende Erscheinung der Längenkontraktion (vgl. 3.2) wird üblicherweise mit dem Satz „Bewegte Maßstäbe erscheinen verkürzt" beschrieben. Diese Aussage ist genau in dem Sinne zu verstehen, wie wir im Abschnitt 3.1 die Längenmessung eines bewegten Maßstabes beschrieben haben. Wie wir uns dort ebenfalls überlegt haben, kann, bei Mittransformation der Zeit, der Maßstab widerspruchsfrei sowohl vom System K als auch vom System K' aus verkürzt sein. Die experimentelle Bestätigung dieser Erscheinung ist allerdings aufgrund der Kleinheit des Effekts sehr schwierig. Beispielsweise ist die Länge $l = 4$ m eines Formel-I-Rennwagens bei 300 km/h um $\Delta l = l\,(1 - \sqrt{1 - \beta^2}) \approx 1,5 \cdot 10^{-13}\,\text{m} = 1,5 \cdot 10^{-4}\,\text{nm}$ verkürzt. Auch bei Geschwindigkeiten von $\approx 30\,\text{km/s}$, wie sie typischerweise in unserem Sonnensystem bei der Planetenbewegung auftreten, ist die Längenkontraktion noch winzig. Zum Beispiel würde ein im Schwerpunkt unseres Sonnensystems ruhender Beobachter eine Längenkontraktion des Erddurchmessers in der Bewegungsrichtung von nur 6 cm messen – wenn er es könnte. Beim Abstand Erde-Mond beträgt derselbe Effekt allerdings knapp 2 Meter. Da man den Abstand Erde-Mond mit den modernen Methoden der Laserentfernungsmessung auf 10–30 cm genau vermessen kann und man im Rahmen einer relativistisch konsistenten Theorie mit den Messungen in voller Übereinstimmung ist, läßt sich daraus indirekt auf eine experimentelle Bestätigung der Längenkontraktion schließen.

Ein weiterer indirekter Nachweis kann in dem in Abschnitt 3.3 beschriebenen Myonenexperiment gesehen werden. Von einem auf der Erde ruhenden Beobachter muß die Tatsache, daß die sich mit nahezu Lichtgeschwindigkeit bewegenden Myonen wesentlich weiterkommen, als man aufgrund ihrer an ruhenden Myonen gemessenen Lebensdauer erwartet, dahin interpretiert werden, daß „bewegte Uhren langsamer gehen". Von dem Myon aus gesehen, würde man dagegen feststellen, daß man während der Lebenszeit (des in diesem System ruhenden Myons) eine viel größere Strecke zurücklegen kann, als man erwartet hat. Vertraut man der Geschwindigkeitsmessung des im Erdsystem ruhenden Beobachters, die ja nicht ein Vielfaches der Lichtgeschwindigkeit geliefert hat, so bleibt als einzige Erklärung die Längenkontraktion des entgegenkommenden Erdsystems.

Das Aussehen schnell bewegter Körper

Die Fragen, die man sich an diesem Punkt der Überlegungen stellt (oder zumindest stellen sollte) lauten: „Kann man die Lorentz-Kontraktion direkt sehen? Wie erscheint ein schnell vorbeifliegender Körper? Ist er tatsächlich in Flugrichtung zusammengestaucht?" Das Problem, wie ein schnell bewegter Körper aussieht oder wie ein schnell bewegter Beobachter ruhende Gegenstände sieht, ist spaßig und gar nicht so einfach. Im täglichen Leben spielt es natürlich keine besondere Rolle, da wir aufgrund unserer Erfahrungen und wegen der im Vergleich zur Lichtgeschwindigkeit stets kleinen Relativgeschwindigkeiten automatisch davon ausgehen, daß wir in einem euklidischen Raum leben und daß das Licht, das gleichzeitig in unser Auge gelangt und dort das Bild erzeugt, auch gleichzeitig beim Gegenstand gestartet ist. Diese Annahmen sind selbstverständlich nicht mehr gerechtfertigt, wenn die Relativgeschwindigkeit zwischen Beobachter und Gegenstand vergleichbar mit der Lichtgeschwindigkeit wird. Man muß dann Effekte der Lichtlaufzeit, der Aberration und, wenn man es relativistisch korrekt machen will, der Lorentz-Kontraktion berücksichtigen.

Da das Aussehen eines Körpers eine direkt beobachtbare Größe, eine Observable ist, könnte man im Prinzip durch einfaches Beobachten schnell bewegter Körper, ohne irgendwelche zusätzlichen Annahmen, die Minkowski-Struktur unserer Raum-Zeit finden. Es ist eigentlich erstaunlich, daß (soweit uns bekannt) kein klassischer Physiker auf die Idee gekommen ist, das Aussehen schnell bewegter Körper zu berechnen, obwohl doch die Endlichkeit der Lichtgeschwindigkeit seit Olaf Römer bekannt ist. Selbst Einstein (Einstein 1905) schreibt in seiner fundamentalen Arbeit *Zur Elektrodynamik bewegter Körper*, also in der Originalarbeit zur speziellen Relativitätstheorie,

> *Ein starrer Körper, welcher in ruhendem Zustande ausgemessen die Gestalt einer Kugel hat, hat also in bewegtem Zustande –*

vom ruhenden System aus betrachtet – die Gestalt eines Rotationsellipsoides mit den Achsen

$$R\sqrt{1-\left(\tfrac{v}{V}\right)^2},\ R,\ R\ .$$

Während also die Y- und Z-Dimension der Kugel (also auch jedes starren Körpers von beliebiger Gestalt) durch die Bewegung nicht modifiziert erscheinen, erscheint die X-Dimension im Verhältnis $1 : \sqrt{1-(v/V)^2}$ verkürzt, also um so stärker, je größer v ist. Für $v = V$ schrumpfen alle bewegten Objekte – vom „ruhenden" System aus betrachtet – in flächenhafte Gebilde zusammen.

Auch nachdem die spezielle Relativitätstheorie anerkannt und etabliert war, hat (mit Ausnahme einer praktisch unbeachteten Arbeit über die Unsichtbarkeit der Lorentz-Kontraktion von Lampa 1924) über 50 Jahre niemand das Problem konsequent behandelt. Selbst der berühmte Physiker Gamov hat in seinem erstmals 1940 herausgegebenen Buch „Mr. Tompkins in Wonderland" (deutscher Titel „Mr. Tompkins' seltsame Reise durch Kosmos und Mikrokosmos", Verlag Vieweg 1984) die Erscheinungen der Lorentz-Kontraktion völlig falsch dargestellt, da er die Effekte der endlichen Lichtgeschwindigkeit einfach nicht bedacht hat. Erst 1959 wurde das Problem von Penrose (1959), Terrel (1959) und Weiskopf (1960) klar erkannt und konsequent behandelt.

Ausführliche Überlegungen stammen dann aus den sechziger und siebziger Jahren (z.B. Boas 1961, Scott und Viner 1965, Scott und van Driel 1970). Die Unterschiede zwischen einer relativistischen und einer nichtrelativistischen Betrachtung (beide natürlich mit endlicher Lichtgeschwindigkeit) sind sehr erstaunlich. Um ein Gefühl für die Effekte zu bekommen, betrachten wir zwei Spezialfälle, bei denen sich der Mittelpunkt eines leuchtenden Stabes direkt auf den Beobachter zu oder von ihm wegbewegt. Wir diskutieren hier nur die Ergebnisse und verweisen für die quantitative Beschreibung auf die Übungsaufgabe 4.4. Das Nachdenken über die Lösung dieser nicht sehr schwierigen Aufgabe ist so lehrreich und erhellend, daß es didaktisch unklug wäre, sie hier explizit vorzurechnen. Für den Besitzer eines PCs ist es auch sehr empfehlenswert, ein kleines Programm zu schreiben und sich den Vorgang graphisch zu visualisieren. Eine Anleitung hierzu findet man in einem Artikel von Gekelman et al. im Jul/Aug Heft 1991 von Computers in Physics.

a) Der leuchtende Stab steht senkrecht auf der Bewegungsrichtung. Er erscheint für den Beobachter als Hyperbel. Die Enden des Stabes sind von ihm weg- bzw. zu ihm hingebogen, je nachdem ob sich der Stab auf den Beobachter zu oder von ihm weg bewegt. In Bild 4.4 sind für verschiedene Relativgeschwindigkeiten ($0,6\,c$, $0,9\,c$ und $0,99\,c$) und für drei verschiedene Abstände vom Beobachter die „Bilder" des Stabes gezeigt.

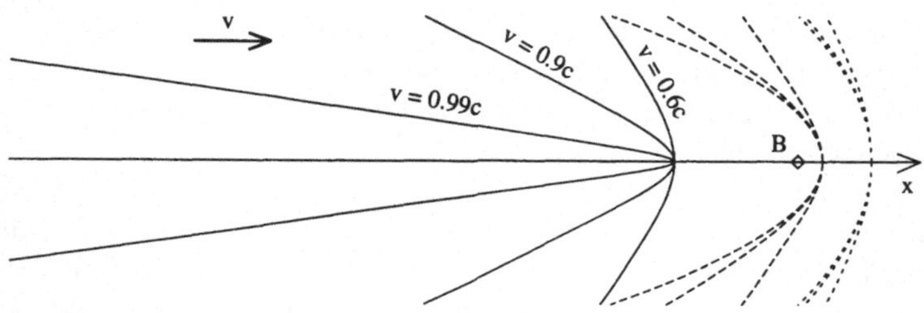

Bild 4.4 „Aussehen" eines senkrecht zu seiner Bewegung stehenden Stabes für verschiedene Relativgeschwindigkeiten ($0,6\,c$, $0,9\,c$ und $0,99\,c$) und für drei verschiedene Abstände vom Beobachter B

Aufgrund der Rotationssymmetrie kann man hieraus sofort ablesen, daß Ebenen senkrecht zur Geschwindigkeit für den Beobachter als Hyperboloide erscheinen. Dies gilt sowohl relativistisch als auch nichtrelativistisch, da es in diesen Ebenen senkrecht zur Geschwindigkeit keine Lorentz-Kontraktion gibt. Die Situation ist völlig anders für einen parallel zur Bewegungsrichtung liegenden Stab.

b) Der leuchtende Stab liegt parallel zur Bewegungssrichtung. Dazu berechnen wir zunächst den rein kinematischen Effekt aufgrund der endlichen Lichtgeschwindigkeit. Man findet eine Verlängerung um den Faktor $1/(1-\beta)$, wenn der Stab auf den Beobachter zukommt, und eine Verkürzung um den Faktor $1/(1+\beta)$, wenn sich der Stab vom Beobachter entfernt. Das bedeutet für $\beta = 0,99$ immerhin eine Verlängerung bei der Annäherung um das Hundertfache, während er beim Entfernen maximal auf die Hälfte verkürzt erscheinen kann. Bei der relativistischen Rechnung kommt dann zusätzlich zu diesem kinematischen Effekt die Lorentz-Kontraktion in Längsrichtung, also der Faktor $\sqrt{1 - \beta^2}$, hinzu. Durch diesen rein relativistischen Effekt werden die extremen Unterschiede zwischen Annäherung und Entfernen teilweise kompensiert, und man findet das symmetrische Ergebnis $\sqrt{(1 + \beta)/(1 - \beta)}$ für den

Verlängerungsfaktor bei Annäherung und $\sqrt{(1-\beta)/(1+\beta)}$ für den Verkürzungsfaktor bei Entfernen. Für unser Beispiel mit $\beta = 0,99$ ergibt das dann insgesamt eine 14fache Verlängerung oder Verkürzung.

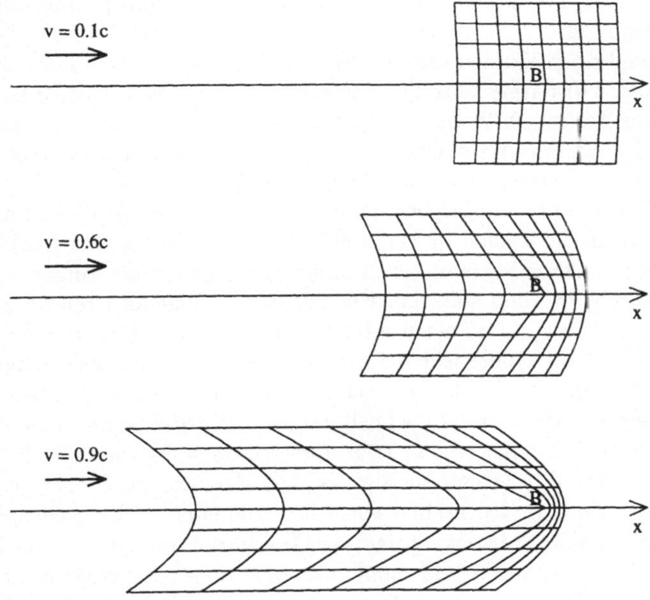

Bild 4.5 Ein ebenes quadratisches Gitter in der xy-Ebene bewegt sich mit den Geschwindigkeiten $v = 0,1\,c$, $v = 0,6\,c$ und $v = 0,9\,c$ in x-Richtung über den Beobachter hinweg. Dargestellt ist das Bild, das sich der Beobachter aufgrund seines visuellen Eindrucks von dem Gitter macht, und zwar in allen drei Fällen für den Zeitpunkt, wenn der Mittelpunkt des Gitters mit dem Beobachter zusammenfällt. (Im Ruhsystem des Gitters ist der gezeigte Ausschnitt quadratisch und besteht aus 8×8 kleinen Quadraten.)

Im Bild 4.5 ist der Versuch unternommen, den Gesamteffekt auf die Raumstruktur zu veranschaulichen. Wir stellen uns dazu ein ebenes quadratisches Gitter in der xy-Ebene vor, das sich mit drei verschiedenen Geschwindigkeiten $v = 0,1\,c$, $v = 0,6\,c$ und $v = 0,9\,c$ in x-Richtung über den Beobachter hinwegbewegt. Gezeigt ist das Bild, das sich der Beobachter aufgrund seines visuellen Eindrucks von dem Gitter macht, und zwar in allen drei Fällen für den Zeitpunkt, wenn der Mittelpunkt des Gitters mit dem Beobachter zusammenfällt. Denkt man sich das Bild noch rotationssymmetrisch um die x-Achse, dann gewinnt man einen anschaulichen Eindruck davon, wie das veränderte Aussehen schnell bewegter Gegenstände durch das Zusammenwirken von Lorentz-Kontraktion und endlicher Lichtgeschwindigkeit grundsätzlich zustandekommt.

Im konkreten Fall jedoch können diese Effekte, wie der in der Bildserie (Bild 4.6) dargestellte berühmte Flug durch das stilisierte Brandenburger Tor mit 99 % der Lichtgeschwindigkeit zeigt, zu sehr verwirrenden Strukturen führen (Ruder et al. 1991). Diese Bildsequenz sollte den Leser motivieren, die Aufgaben 4.4 und 4.5 unbedingt selbst zu lösen. (Der Flug kann übrigens, on-line auf einer Graphik-Workstation gerechnet, im Deutschen Museum in München besichtigt werden.)

Ein besonderes Schmankerl in dieser Hinsicht ist die Aufgabe 4.5, in der gezeigt werden soll, daß Kugeln, egal wie sie sich relativ zum Beobachter bewegen, immer wie Kugeln aussehen, auch wenn die Orientierung und die Oberfläche bei Annäherung an die Lichtgeschwindigkeit stark verändert sind. Angesichts dieses Ergebnisses könnte man fast philosophisch werden. Schnell bewegte Körper kann man sich nur dann in Ruhe anschauen, wenn ihre Ausdehnung im Bereich von Lichtsekunden liegt, wenn sie also so groß sind wie die Sterne. Kleine Körper sind in Bruchteilen von Mikrosekunden außer Sichtweite. Andererseits sind Sterne aufgrund der Gravitation immer Kugeln. Die Lorentz-Transformation und damit unsere Raum-Zeit-Struktur ist so eingerichtet, daß auch bei einem noch so rasanten Raumflug die Sterne ihre Gestalt behalten. Bemerkenswert ist noch, daß die Lorentz-Transformation die einzige Transformation ist, die diese Eigenschaft besitzt. Man kann sie daher im Prinzip allein aus der Forderung, daß beliebig bewegte Kugeln immer wie Kugeln aussehen sollen, ableiten.

Die Zeitdilatation und das Zwillingsparadoxon

Wie man am oben diskutierten Beispiel des Myonenexperiments sehen konnte, hängen Längenkontraktion und Zeitdilatation natürlich eng miteinander zusammen. Die Zeitdilatation führt uns besonders drastisch die Unverträglichkeit der Aussagen der speziellen Relativitätstheorie mit unserer durch die tägliche Erfahrung gewonnenen Raum-Zeit-Vorstellung vor Augen. Es ist nicht einzusehen, sondern nur zu akzeptieren, warum eine bewegte Uhr langsamer geht. Im Zusammen-

Bild 4.6 Einzelbilder aus einer computererzeugten Filmsequenz von einem Flug durch das stilisierte Brandenburger Tor mit 10 % (linke Sequenz) und 99 % (rechte Sequenz) der Lichtgeschwindigkeit. Auf den ersten drei Bildern nähert man sich dem Tor, auf dem vierten entfernt man sich von ihm.

hang mit der Zeitdilatation sollen noch ein paar häufig aufgeworfene Fragen diskutiert werden.

Zunächst könnte man fragen, *welche* bewegte Uhr geht langsamer und wird dadurch nicht doch wieder ein Koordinatensystem ausgezeichnet? Die Auflösung liegt darin, daß der Uhrenvergleich nicht symmetrisch ist. Eine bewegte Uhr wird mit zwei an verschiedenen Orten ruhenden Uhren verglichen. Vergleicht man umgekehrt zwei an verschiedenen Orten befindliche bewegte Uhren mit einer ruhenden Uhr, dann sieht es natürlich so aus, als ob die bewegten Uhren schneller gingen. Aber ein derartiger „Uhrenvergleich" ist nicht im Sinne des Erfinders.

Um zu vermeiden, daß man für den Uhrenvergleich drei Uhren benötigt, kann man sich ein Experiment – das klassische Zwillingsparadoxon – vorstellen, bei dem man zunächst zwei Uhren (oder Zwillinge oder Myonen) am selben Ort hat. Die eine Uhr wird beschleunigt, bewegt sich eine gewisse Zeit mit konstanter Geschwindigkeit weg, wird dann abgebremst und zurückbeschleunigt und kommt nach einer weiteren Bewegung mit konstanter Geschwindigkeit und einer Abbremsphase bei der ersten Uhr zur Ruhe. Auf der so bewegten Uhr ist dann weniger Zeit verstrichen als auf der ruhenden Uhr, da sie ja nach der speziellen Relativitätstheorie während der Flugphasen mit konstanter Geschwindigkeit langsamer gegangen ist. Der von einem Raumflug heimkehrende Zwilling ist jünger als sein auf der Erde zurückgebliebener Bruder. Das zurückgekehrte, z.B. durch ein starkes Magnetfeld umgelenkte Myon existiert noch, wärend das ruhende schon längst zerfallen ist. Die Asymmetrie zwischen den beiden Uhren wird durch die eindeutig meßbaren Beschleunigungsphasen hervorgerufen. Man weiß, welche Uhr wegfliegt und zurückkehrt.

Bei dieser Versuchsanordnung wird gerne eingewandt, daß ja vielleicht der ganze Effekt durch die Beschleunigungsphasen, über die zunächst im Rahmen der speziellen Relativitätstheorie keine Aussagen gemacht werden können, wieder kompensiert wird, und damit die Zwillinge doch gleich alt bleiben. Dieser Einwand läßt sich ebenfalls leicht entkräften, in dem man nicht nur einen Zwilling, sondern beide Zwillinge auf Raumflüge schickt. Beide sollen dabei gleichermaßen beschleunigt und verzögert werden, lediglich die Flugphasen mit konstanter Geschwindigkeit und somit die Zeitdilatation werden unterschiedlich gewählt (vgl. Abb 4.7b). Damit folgt unabhängig von jeglichen Effekten während der Beschleunigungsphasen allein aus der Gültigkeit der speziellen Relativitätstheorie während der Flugphasen mit konstanter Geschwindigkeit, daß der Zwilling mit dem längeren Raumflug bei seiner Rückkehr jünger ist als sein Bruder.

Wie wir später (Abschnitt 5.4 und 6.4) sehen werden, passiert bei den Beschleunigungsphasen nichts Dramatisches – vorausgesetzt natürlich, die Beschleunigungen sind nicht so groß, daß mechanische Zerstörungen eintreten. Bei konkret durchgeführten Experimenten, die aufgrund unserer noch sehr rudimentären Raumfahrttechnik nur im erdnahen Raum und mit kleinen Geschwindigkeiten stattfinden können, sind die Effekte wieder winzig und außerdem unausweichlich mit gravitativen Einflüssen, die nur mit Hilfe der allgemeinen Relativitätstheorie beschrieben werden können, vermischt. Beispielsweise waren die Apollo-Astronauten und insbesondere der einsame Mann in der Apollokapsel etwa 10 Tage mit einer mittleren Geschwindigkeit von größenordnungsmäßig 3 km/s unterwegs. Die Zeitdilatation für diesen „Raumflug" berechnet sich damit zu $10\,\text{Tage} \cdot (1 - \sqrt{1 - 10^{-10}}) \approx 0,05$ Millisekunden, und die sieht man einem Menschen nicht an.

Eine quantitative Nachprüfung des Uhrenparadoxons stellt das Experiment von Hafele und Keating dar, das im Jahre 1971 durchgeführt wurde. Am 4.9.1971 flog ein Flugzeug der U.S. Navy zwei Cäsiumatomuhren in Ostrichtung um die Erde, und am 13.9.1971 wurden ebenfalls zwei Cäsiumatomuhren in Westrichtung um die Erde geflogen. Trotz der im Vergleich zu der Lichtgeschwindigkeit kleinen Geschwindigkeiten der Flugzeuge ($v \approx 1\,000$ km/h), konnte wegen der hohen Genauigkeit der Cäsiumatomuhren von $1\,\text{ns/d} = 10^{-9}\,\text{s/d}$ (entsprechend einer relativen Genauigkeit von 10^{-14}) die Zeitdilatation eindeutig nachgewiesen werden. Die bewegten Uhren wurden jeweils mit den Cäsiumatomuhren des U.S. Navy-Observatoriums in Washington verglichen, die dort fest aufgestellt waren. Dabei wurden die in der Tab. 4.1 aufgelisteten Zeitunterschiede gemessen.

Tab. 4.1 Gemessene und berechnete Zeitunterschiede bei Atomuhren nach einem Ost- und West-Erdumrundungsflug im Vergleich mit einer erdfesten Uhr

	gemessener Wert Δt in ns	berechneter Wert Δt in ns
Ostflug	$- 59 \pm 10$	$- 40 \pm 23$
Westflug	$+ 273 \pm 7$	$+ 275 \pm 21$

Bei den zum Vergleich ebenfalls eingetragenen berechneten Werten wurden sowohl der Zeitdilatationsfaktor der speziellen Relativitäts-

theorie als auch die durch die Gravitation bedingten Effekte nach
der allgemeinen Relativitätstheorie berücksichtigt. Es wurden dazu die
Fluggeschwindigkeiten und die Flughöhen genau registriert. Die Fehler-
grenzen berücksichtigen ungenaue Flugwerte, Näherungen usw. Daß
beim Westflug ein Zeitgewinn auftritt, wird durch die Rotation der Erde verursacht. Die Übereinstimmung der theoretischen und der experimentellen Gangunterschiede ist gut und läßt keinen Zweifel darüber,
daß bewegte Uhren wirklich langsamer gehen.

Raum-Zeit-Diagramme

Die Konsequenzen der Lorentz-Transformation, nämlich Längenkontraktion und Zeitdilatation, lassen sich übersichtlich durch eine geo-
metrische Darstellung veranschaulichen. Diese Darstellung in Form von
Raum-Zeit-Diagrammen wurde zuerst von Minkowski angegeben. Dabei werden wir die y- und z-Koordinaten außer acht lassen, da sie sich
ja bei einer Relativbewegung der beiden Systeme entlang der x-Achse
nicht ändern. Wir diskutieren jetzt das Raum-Zeit-Diagramm für die
Koordinaten (x, ct), wobei wir auf der Abszisse die Ortskoordinate x
und auf der Ordinate die Größe ct auftragen (Bild 4.7).

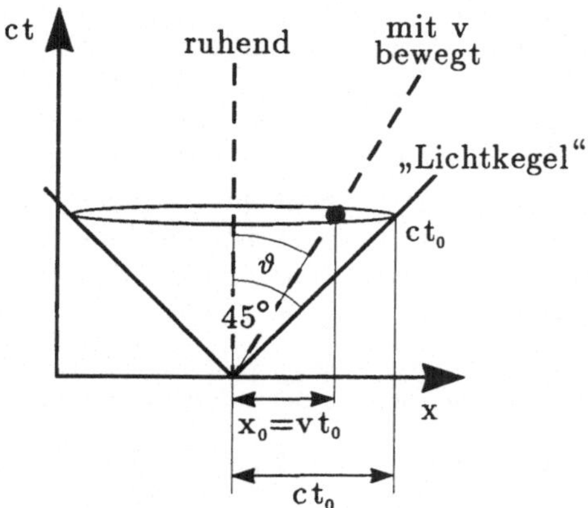

Bild 4.7 Raum-Zeit-Diagramm

Ein Punktereignis am Ort x und zur Zeit t ist in diesem Diagramm
natürlich einfach ein Punkt. Ein am Ort $x = x_0$ ruhender Punkt oder
Beobachter stellt sich in dem Raum-Zeit-Diagramm als eine Parallele

zur ct-Achse im Abstand x_0 dar, diese Gerade nennt man die „Weltlinie" des Punktes. Ein sich mit der konstanten Geschwindigkeit v in
x-Richtung bewegender Punkt ist eine Gerade, die relativ zur ct-Achse
um den Winkel ϑ verdreht ist. Dieser Winkel berechnet sich, wie man
sofort geometrisch aus Bild 4.7 abliest, aus

$$\tan\vartheta \;=\; \frac{v\,t}{c\,t} \;=\; \beta \quad . \tag{4.16}$$

Für $v = c$ folgt $\vartheta = 45°$. Das heißt, ein Lichtblitz bei (x, ct) breitet sich
in diesem Diagramm auf zwei Geraden aus, die jeweils einen Winkel
von 45° mit der ct-Achse einschließen (Bild 4.7). Erweitert man das
Raum-Zeit-Diagramm auf zwei Raumdimensionen, indem man sich die
y-Achse senkrecht zur (x, ct)-Ebene denkt, dann breitet sich das Licht
unseres Lichtblitzes auf einem Kegelmantel nach oben aus, dessen Achse parallel zur ct-Richtung ist und der einen Öffnungswinkel von 90°
besitzt. Alle Punktereignisse, die mit dem Ereignis bei (x, ct) kausal
verknüpft sein können, liegen innerhalb dieses Lichtkegels.

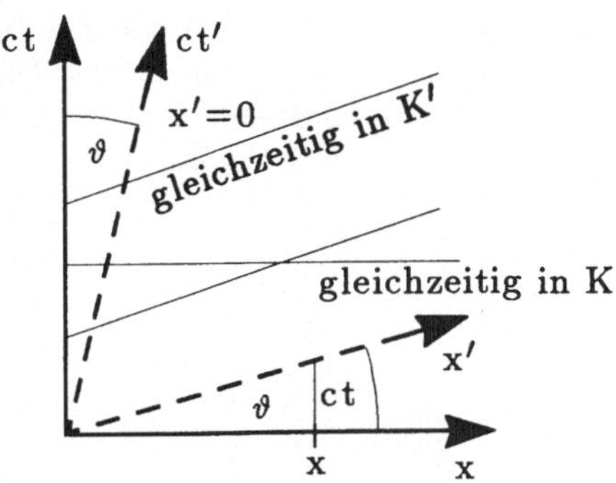

Bild 4.8 Raum-Zeit-Diagramm für ein gleichförmig mit der Geschwindigkeit $v =$
$c\tan\vartheta$ bewegtes Koordinatensystem K'

Betrachten wir jetzt ein Raum-Zeit-Diagramm (Bild 4.8) für die
Koordinaten (x, ct) und (x', ct'). Die beiden Koordinatensyteme sollen
sich dabei wieder wie üblich längs ihrer parallelen x-Achsen mit der
konstanten Geschwindigkeit v bewegen, und zur Zeit $t = t' = 0$ soll
$x = x' = 0$ sein. Die ct'- und die x'-Achse ergeben sich aus

$$ct'-\text{Achse}: \quad x' = 0 \implies x = vt \implies \frac{x}{ct} = \frac{v}{c} = \tan\vartheta \qquad (4.17a)$$

$$x'-\text{Achse}: \quad t' = 0 = \frac{t - \frac{v}{c^2}x}{\sqrt{1-\beta^2}} \implies t - \frac{v}{c^2}x = 0$$

$$\implies \frac{ct}{x} = \frac{v}{c} = \tan\vartheta \quad . \qquad (4.17b)$$

Die ct'- und die x'-Achse sind also jeweils um den Winkel ϑ gegen die ct- und die x-Achse verdreht. Als Zahlenbeispiel sei noch der Winkel ϑ für die Weltlinie eines Flugzeugs mit $v = 1\,080\,\text{km/h} = 300\,\text{m/s}$ berechnet. Aus $\beta = 10^{-6}$ folgt $\vartheta = 0,2''$, was bedeutet, daß in unserem Raum-Zeit-Diagramm die Weltlinie des bewegten Flugzeugs nach 100 km um genau 10 cm von der eines ruhenden Flugzeugs abweicht. Man sieht, daß man maßstabsgetreue Raum-Zeit-Diagramme sinnvollerweise nur bei etwas größeren Geschwindigkeiten einsetzen sollte.

An diesen Raum-Zeit-Diagrammen erkennt man besonders deutlich den relativen Charakter der Gleichzeitigkeit: Alle auf der x'-Achse liegenden Punktereignisse erscheinen dem Beobachter in K' gleichzeitig, denn für alle diese Ereignisse ist $t' = 0$, während sie für den Beobachter in K nacheinander erfolgen. Die Zeit t ist für jeden Punkt dieser Linie verschieden. Generell gilt, daß alle in K' gleichzeitig erscheinenden Ereignisse auf Parallelen zur x'-Achse und alle in K gleichzeitig erscheinenden Ereignisse auf Parallelen zur x-Achse liegen. Die Weltlinien von in K bzw. K' ruhenden Punkten sind Parallelen zur ct- bzw. ct'-Achse.

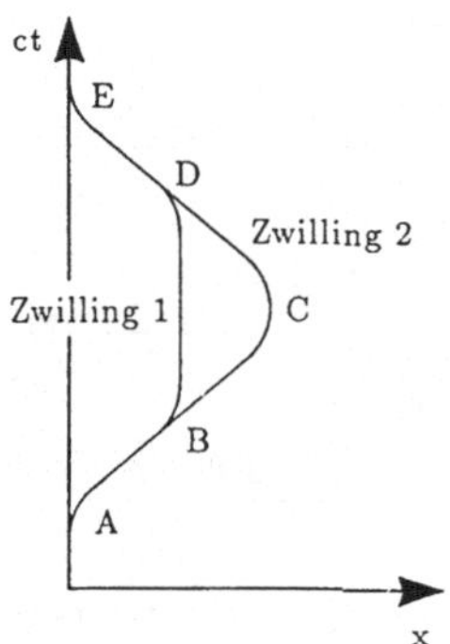

Bild 4.9 Raum-Zeit-Diagramm für das diskutierte Zwillingsexperiment

Als ein Beispiel haben wir in Bild 4.9 das Raum-Zeit-Diagramm für das im vorangehenden Abschnitt diskutierte Zwillingsexperiment dargestellt. Der genaue Verlauf der Weltlinien während der Beschleunigungsphasen wird in Abschnitt 6.4 für eine konstante Beschleunigung berechnet.

Die Raum-Zeit-Diagramme eignen sich aus den besprochenen Gründen auch besonders gut zur Diskussion der sogenannten Paradoxa, verwirrender Gedankenexperimente mit der Lorentz-Transformation, die aber ein relativistisch gefestigter Leser schadlos überstehen muß.

4.6 Paradoxa

Man kann sich viele Gedankenexperimente ausdenken, die scheinbar auf Widersprüche führen. Bei konsequentem Durchdenken kommt man aber immer zu dem Ergebnis, daß alle „Paradoxa" letztendlich nur die Konsistenz der speziellen Relativitätstheorie widerspiegeln und sie als eine in sich widerspruchsfreie Theorie bestätigen. Das Uhren- oder Zwillingsparadoxon haben wir bereits ausführlich behandelt. Wir wollen im folgenden zwei Beispiele zur Längenkontraktion diskutieren, die trotz aller scheinbarer Widersprüchlichkeit eindeutige Lösungen besitzen. Es handelt sich dabei um rein kinematische Beispiele.

Das „Stab-Haus-Experiment"

Man stelle sich das folgende Gedankenexperiment vor: Ein Stab der Länge l bewege sich mit großer Geschwindigkeit durch ein Haus mit ebenfalls der Länge l. Nun gibt es dazu zwei Betrachtungsmöglichkeiten:

a) Vom Ruhsystem des Hauses aus betrachtet, unterliegt der bewegte Stab der Längenkontraktion, er wird verkürzt. Als Folge davon paßt er in das Haus hinein; er hat den Hinterausgang noch nicht erreicht, obwohl sein Ende schon den vorderen Eingang passiert hat.

b) Vom Ruhsystem des Stabes aus bewegt sich aber das Haus relativ zum Stab. Es erscheint also die Länge des Hauses verkürzt, und die Enden des Stabes schauen für eine gewisse Zeit auf beiden Seiten des Hauses hervor.

Diese beiden Interpretationen sind im Rahmen der Relativitätstheorie korrekt, liefern aber scheinbar widersprüchliche Ergebnisse. Es stellt sich somit die Frage, ob der Stab ins Haus paßt oder nicht. Die Situation ist in Bild 4.10 skizziert.

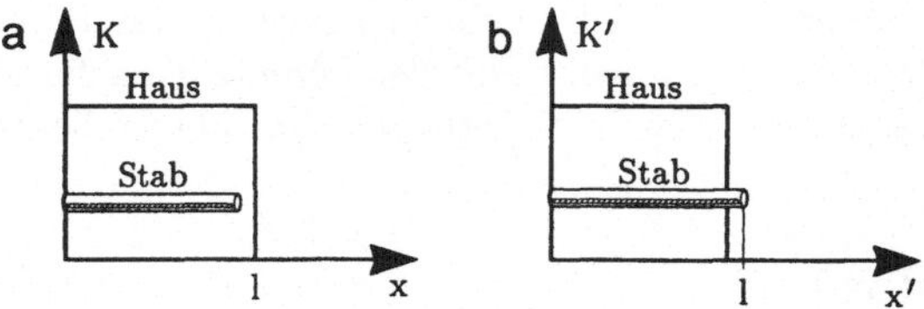

Bild 4.10 Das „Stab-Haus-Experiment", a) von K aus betrachtet, b) von K' aus betrachtet

Wie läßt sich dieses Problem lösen? Wir betrachten dazu in den beiden Systemen die verschiedenen Anfangs- und Endpunkte. Es gilt

a) vom System K des Hauses aus betrachtet, für die Anfangs- und Endpunktkoordinaten (es wird nur die (x,t)-Abhängigkeit verglichen, in y- und z-Richtung ändert sich ja nichts):

K	Anfangspunkt	Endpunkt
Haus	$(0,t)$	(l,t)
Stab	(vt,t)	$(\sqrt{1-\beta^2}\,l + vt,t)$

Zum Vergleich betrachten wir den Anfangs- und Endpunkt des Stabes von K aus gleichzeitig, etwa zur Zeit $t = 0$. Also

K	Anfangspunkt	Endpunkt
Stab	$(0,0)$	$(\sqrt{1-\beta^2}\,l,0)$

b) vom System K' des Stabes aus betrachtet:

K'	Anfangspunkt	Endpunkt
Haus	$(-vt',t')'$	$(\sqrt{1-\beta^2}\,l - vt',t')'$
Stab	$(0,t')'$	$(l,t')'$

Zur Messung der Hauslänge muß wieder der Anfangs- und Endpunkt, jetzt von K' aus gleichzeitig, beobachtet werden, also z.B. bei $t' = 0$:

K'	Anfangspunkt	Endpunkt
Haus	$(0,0)'$	$(\sqrt{1-\beta^2}\,l,0)'$

In Bild 4.11 sind die (x, ct)-Diagramme für diesen Vorgang gezeichnet.

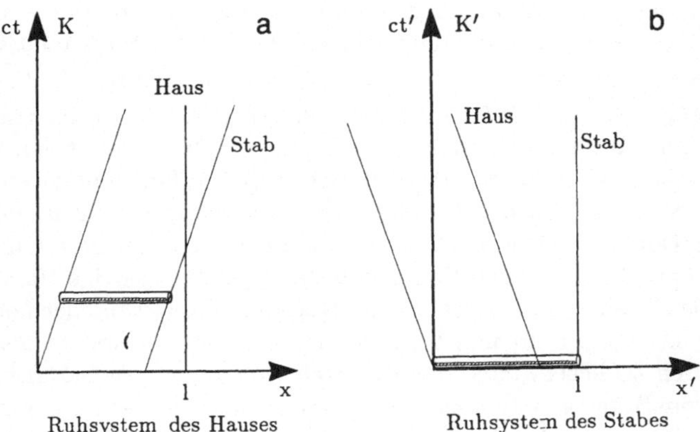

Bild 4.11 Das (x, ct)-Diagramm für das „Stab-Haus-Experiment", vom Haussystem aus betrachtet (a), und das (x', ct')-Diagramm für das Stabsystem (b).

Die Anfangspunkte von Haus und Stab fallen für $t = t' = 0$ im Ursprung zusammen. Die Endpunkte dagegen differieren, der Unterschied spiegelt die jeweilige Lorentz-Kontraktion wider. An diesen (x, ct)-Diagrammen erkennt man besonders übersichtlich, wie sich die scheinbare Widersprüchlichkeit auf die in den beiden Systemen K und K' verschiedene Gleichzeitigkeit zurückführen läßt. Dies kann man natürlich auch quantitativ erfassen. Dazu berechnen wir, wann, vom Stangenträger aus gesehen, der Beobachter im Haus mißt, also $t = 0$ in K':

K' $(t=0)$	Anfangspunkt	Endpunkt
Haus	$(0,0)'$	$\left(\dfrac{l}{\sqrt{1-\beta^2}}, -\dfrac{l\beta/c}{\sqrt{1-\beta^2}} \right)'$
Stab	$(0,0)'$	$\left(l, -\dfrac{l}{c}\beta \right)'$

Man erhält die Koordinaten des Hauses in K' aus der Lorentz-Transformation (4.1), und zwar aus $(x,t) = (0,0)$ den Anfangspunkt und aus $(x,t) = (l,0)$ den Endpunkt. Analog ergeben sich die Koordinaten des Stabes aus $(x,t) = (0,0)$ und $(x,t) = (\sqrt{1-\beta^2}\, l, 0)$. Diese Koordinaten wurden alle gleichzeitig in K zum Zeitpunkt $t = 0$ gemessen, sie liegen also auf der x-Achse im (x', ct')-Diagramm.

Obwohl jetzt das Hausende formal an der Stelle $l/\sqrt{1-\beta^2}$ vermessen wurde, entsteht zwischen den Physikern in K und K' kein Streit, denn vom Stangensystem aus wurde das Hausende ja um $(l\beta/c)/\sqrt{1-\beta^2}$ zu „früh" angeschaut. Da sich das Haus relativ zum Stangensystem mit $-v$ bewegt, ist die „wirkliche" Länge $l/\sqrt{1-\beta^2} - (l\beta/c)/\sqrt{1-\beta^2}\, v = l\sqrt{1-\beta^2}$, also genauso groß, wie sie im Stangensystem mit der Gleichzeitigkeitsbedingung $t' = 0$ bestimmt wurde.

Die anfangs gestellte Frage, ob der Stab ins Haus hineinpaßt oder nicht, ist somit auf das Problem der Gleichzeitigkeit zurückgeführt. Dieser Punkt ist geklärt. Die Diskussion des Experiments erhält aber noch einmal einen neuen Reiz durch die folgende bösartige Handlung. Für die Physiker im Ruhsystem des Hauses geht aufgrund der Lorentz-Kontraktion der Stab ohne Schwierigkeit ins Haus. Sie können also beide Türen schließen, ohne daß der Stab eine der Türen berührt. Dies geht vom Stangensystem aus betrachtet nicht, da ja das Haus verkürzt ist und somit der Stab immer mindestens aus einer Seite des Hauses herausschaut. Andererseits sind aber zwei geschlossene Türen ein objektiver durch keine Lorentz-Transformation veränderbarer Tatbestand. Meine Frage an den Leser lautet daher: Kann man die beiden Türen zumachen oder nicht?

Das „Stab-Loch-Experiment"

Ein weiteres, noch hübscheres Beispiel, bei dem man eigentlich glauben möchte, daß man den Widerspruch endlich zu fassen gekriegt hat, stellt das Stab-Loch-Experiment dar. Man stelle sich einen Stab der Länge l vor, der sich in seiner Längsrichtung mit der Geschwindigkeit v durch den Raum bewegt. Eine Platte mit einem Loch der Länge l, also genau von der Größe des Stabes, bewege sich senkrecht von unten mit der Geschwindigkeit w auf den Stab zu (siehe Bild 4.12).

Wir nehmen, idealisierend, wie es bei einem Gedankenexperiment ja erlaubt ist, an, daß beide, die Platte und der Stab, keine Dicke haben. Ferner sollen sich die beiden Gegenstände auf einem genauen Kollisionskurs befinden. Zum Zeitpunkt $t = 0$ soll der Anfangspunkt des Stabes mit dem Anfangspunkt des Loches zusammenfallen. Nichtrelativistisch gesehen, würde der Stab parallel genau durch das Loch hindurchgleiten.

Wählen wir die Platte als das ruhende Bezugssystem, dann bewegt sich der Stab von links oben auf das Loch zu, und die Länge des Stabes

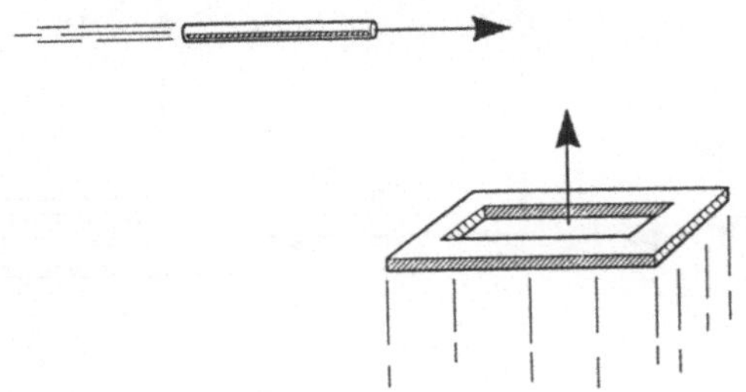

Bild 4.12   Das „Stab-Loch-Experiment", vom Laborsytem aus betrachtet

ist gemäß der Lorentz-Kontraktion verkürzt. Als Folge davon paßt der Stab leicht durch das Loch in der Platte. Betrachten wir die Situation vom Standpunkt des Stabsystems aus, so bewegt sich die Platte von rechts unten auf den Stab zu. In diesem Fall wird das Loch Lorentz-verkürzt, und der unverkürzte Stab paßt also nicht mehr durch das Loch. Diese beiden Situationen erscheinen ganz offensichtlich widersprüchlich. Es muß aber eine eindeutige Lösung existieren. Wie läßt sich dieser Widerspruch auflösen?

Wir wollen drei Koordinatensysteme einführen: K sei das Laborsystem eines außenstehenden Beobachters; K' sei das System des Stabes, es bewegt sich also relativ zu K in horizontaler Richtung mit der Geschwindigkeit v; und K'' sei das System der Platte, es bewegt sich vertikal zu K mit der Geschwindigkeit w. Die Anfangspunkte von Stab und Loch liegen jeweils im Ursprung ihres Systems. Zur Zeit $t = t' = t'' = 0$ sollen die drei Systeme zusammenfallen (vgl. Bild 4.13).

Die zu diesem Vorgang gehörenden Lorentz-Transformationen lauten:

$$ x' = \frac{x - vt}{\sqrt{1 - \beta_v^2}}\,, \quad y' = y\,, \quad t' = \frac{t - \frac{v}{c^2}x}{\sqrt{1 - \beta_v^2}} \quad ; \tag{4.18a}$$

$$ x'' = x\,, \quad y'' = \frac{y - wt}{\sqrt{1 - \beta_w^2}}\,, \quad t'' = \frac{t - \frac{w}{c^2}y}{\sqrt{1 - \beta_w^2}} \quad . \tag{4.18b}$$

Wir berechnen jetzt die Anfangs- und Endpunktkoordinaten (x, y, t) von Stab und Loch zur Zeit $t = t' = t'' = 0$, also im „kritischen" Augenblick. Im System K ist für $t = 0$:

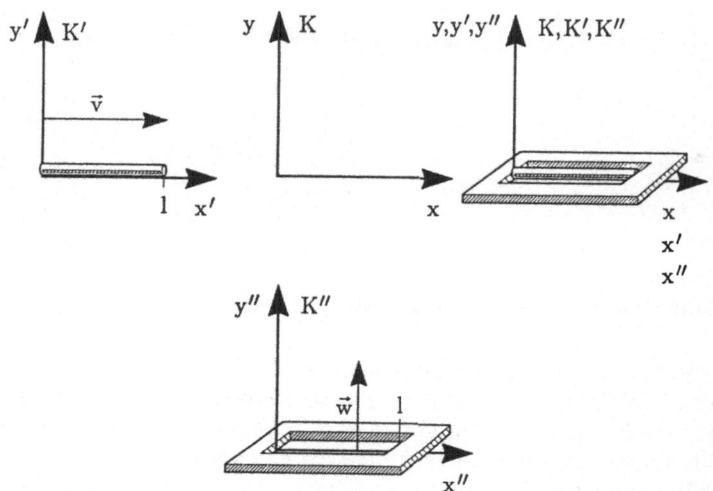

Bild 4.13 Das Laborsystem K, das System des Stabes K' und das System der Platte K''. Die drei linken Bilder zeigen den Zustand vor dem Zusammentreffen, das rechte Bild den Zustand bei $t = t' = t'' = 0$.

$K\ (t = 0)$	Anfangspunkt	Endpunkt
Stab	$(0, 0, 0)$	$(\sqrt{1 - \beta_v^2}\, l, 0, 0)$
Loch	$(0, 0, 0)$	$(l, 0, 0)$

Der verkürzte Stab geht also leicht durch das Loch der Länge l. Im System K'' des Loches gilt für $t'' = 0$:

$K''\ (t'' = 0)$	Anfangspunkt	Endpunkt
Stab	$(0, 0, 0)''$	$(\sqrt{1 - \beta_v^2}\, l, 0, 0)''$
Loch	$(0, 0, 0)''$	$(l, 0, 0)''$

In Bild 4.14 wollen wir uns diese Koordinaten im jeweiligen System veranschaulichen, indem wir drei Zustände eintragen: vor dem Zusammentreffen (1), beim Zeitpunkt $t = 0$ bzw. $t'' = 0$, also die in der Tabelle berechneten Koordinaten (2), und die Situation danach (3).

Hätten wir über das Loch eine Folie gespannt, so würden wir nach dieser Überlegung erkennen, daß nur ein Teil der Folie vom Stab beim Durchdringen aufgeschlitzt worden wäre. Dies gilt sowohl vom Laborsystem K als auch vom Lochsystem K'' aus betrachtet. Doch welches

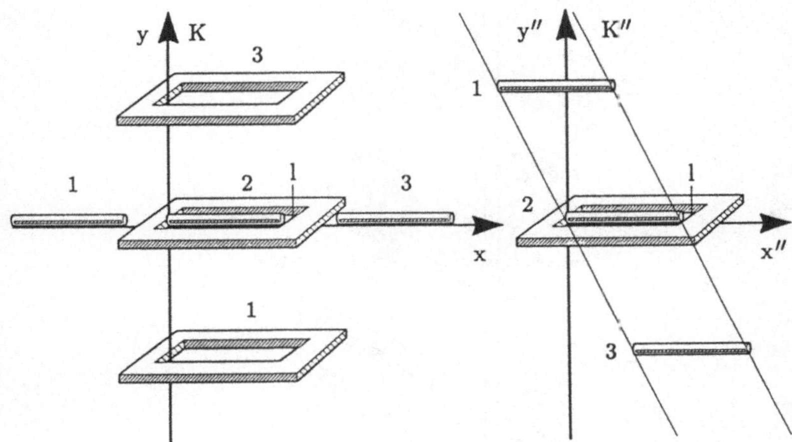

Bild 4.14 Die drei Zustände (1), (2) und (3) in den Systemen K und K''

Ergebnis wird die Rechnung im Stabsystem K' liefern, in dem ja das Loch verkürzt ist? Wir betrachten dazu ebenfalls die Anfangs- und Endpunktkoordinaten von Stab und Loch in K' zur Zeit $t' = 0$:

K' $(t' = 0)$	Anfangspunkt	Endpunkt
Stab	$(0,0,0)'$	$(l,0,0)'$
Loch	$(0,0,0)'$	$(\sqrt{1 - \beta_v^2}\, l, \beta_v \beta_w l, 0)'$

Die Endpunktkoordinaten des Loches x', y' erhält man aus den Gleichungen (4.18) unter Verwendung von $t' = 0$, $x'' = l$, $y'' = 0$. Man sieht sofort, daß zur Zeit $t' = 0$ für den Endpunkt des Loches $y' \neq 0$ ist, daß also der Endpunkt des Loches schon am Stab vorbei ist, wenn der Anfangspunkt gerade mit dem Stabanfang übereinstimmt. Des Rätsels Lösung besteht also darin, daß in K' das Loch gekippt erscheint (Bild 4.15).

Vom Stabsystem aus gesehen, schiebt sich das Loch schräg über den Stab hinweg. Daher wird auch in diesem System nicht die gesamte Länge des Loches benötigt; es wird ebenfalls nur ein Teil der Folie aufgeschlitzt, und zwar, wie man auch im System K' leicht nachrechnen kann, die Länge $\sqrt{1 - \beta_v^2}\, l$.

Kinematisch gesehen, ist das Problem damit verstanden. Überlegt man sich allerdings genauer, wie die Folie aufgeschlitzt wird, dann muß

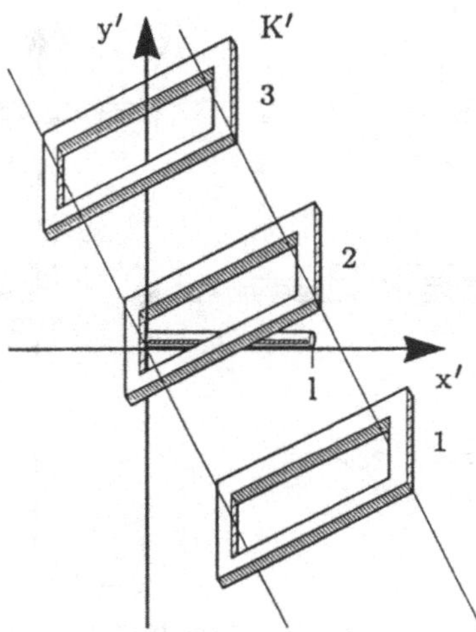

Bild 4.15 Der Vorgang im Stabsystem K'

man bedenken, daß sie vom Lochsystem aus gleichzeitig durchschlagen wird, während sie vom Stabsystem aus aufgeschnitten wird, was natürlich leichter geht. Wie groß sind also die mechanischen Belastungen für Stab und Folie?

4.7 Übungsaufgaben

Aufgabe 4.1. Ein Astronaut startet am Neujahrstag des Jahres 2000 von der Erde aus zum Fixstern α Centauri (4 Lichtjahre entfernt) und fliegt mit der Geschwindigkeit $v = 0,8\,c$.

Wenn er den Stern erreicht hat, kehrt er sofort um und fliegt mit der gleichen Geschwindigkeit zur Erde zurück. Mit seinem auf der Erde verbliebenen Bruder hat er vor dem Start ausgemacht, daß sie sich gegenseitig über Radartelefon an jedem Neujahrstag Grüße schicken. Wieviele Botschaften schickt jeder dem anderen und wann treffen diese ein?

Man zeichne ein Raum-Zeit-Diagramm mit den Weltlinien des Astronauten und der abgesandten Radarsignale.

Aufgabe 4.2.   Der Astronaut aus Aufgabe 4.1 hat es – entgegen den obigen Annahmen – nicht geschafft, das Raumschiff bei α Centauri umzudrehen, sondern fliegt weiter mit einer Geschwindigkeit von $0,8\,c$ von der Erde weg. Er hat natürlich „sofort" seinem Bruder auf der Erde per Radartelefon mitgeteilt, daß das Umkehrmanöver gescheitert ist. Daraufhin fliegt sein Bruder „sofort" nach – mit einer Geschwindigkeit von $0,9\,c$.

Wo und wann treffen sie sich?

Um wieviel älter sind der Astronaut und sein Bruder seit dem Beginn der Mission geworden?

Zeichnen Sie die Weltlinien der beiden Raumfahrer in einem Bezugssystem,

a) das auf der Erde ruht,

b) in dem der zuerst losgefahrene Astronaut ruht.

Aufgabe 4.3.   Zwei Beobachter bewegen sich relativ zu einem Inertialsystem mit den konstanten Geschwindigkeiten v_1 und v_2. Man berechne betragsmäßig die Geschwindigkeit des einen Beobachters, wie sie der andere Beobachter mißt.

Aufgabe 4.4.   Zum Aussehen schnell bewegter Körper:

Im Jahre 1890 möchte ein/e Physiker/in das Aussehen eines schnell bewegten Stabs berechnen, wobei sie/er die endliche Lichtgeschwindigkeit berücksichtigt. Betrachten Sie zwei Spezialfälle, bei denen sich der Stab mit konstanter Geschwindigkeit direkt auf den Beobachter zu oder von ihm wegbewegt:

a) Der Stab steht senkrecht auf der Bewegungsrichtung. Zeigen Sie, daß der Stab für den Beobachter wie eine Hyperbel aussieht. Wie stellt sich demnach eine Ebene senkrecht zur Bewegungsrichtung dar?

b) Der Stab liegt in Bewegungsrichtung. Berechnen Sie die scheinbare Länge.

(Hinweis: Die Lichtsignale von verschiedenen Punkten des Körpers müssen im Auge des Beobachters gleichzeitig ankommen.)

Welche Ergebnisse erhält man mit einer relativistisch korrekten Rechnung?

Aufgabe 4.5.   Zum Aussehen einer relativistisch bewegten Kugel:

Eine im System K' an beliebiger Stelle ruhende Kugel werde von einem am Ursprung des Systems K befindlichen Beobachter betrachtet. K' bewege sich mit der Geschwindigkeit v gegenüber K, für $t = t' = 0$ fällt der Ursprung beider Systeme zusammen. Man überlege sich, wie die Kugel für den Beobachter „aussieht".

a) Betrachten Sie die Kugel zunächst unter der Annahme, daß die Bewegungsrichtung der Kugel und die Beobachtungsrichtung senkrecht aufeinander stehen und daß der Beobachter weit entfernt ist. Denken Sie sich die Kugel in dünne Scheiben geschnitten, die in der Ebene von Beobachtungs- und Bewegungsrichtung liegen. Betrachten Sie eine Scheibe vom Radius r. Der Beobachter blickt auf die Kante der Scheibe. Zeigen Sie, daß er eine Linie der Länge $2r$ sieht.

b) Betrachten Sie jetzt den allgemeinen Fall, daß die Kugel eine beliebige Bewegungsrichtung und einen beliebigen Abstand besitzt. Gehen Sie für die konkrete Rechnung in zwei Schritten vor.
1. Schritt: Betrachten Sie einen Beobachter im Ruhsystem der Kugel und die Randstrahlen, die für diesen Beobachter den Umriß des Objektes festlegen. Berechnen Sie die Emissionszeitpunkte der Randstrahlen und stellen Sie eine Gleichung für die Emissionsorte auf.
2. Schritt: Transformieren Sie die Gleichung für die Emissionsorte der Randstrahlen in das System K und interpretieren Sie die transformierte Gleichung geometrisch. Zeigen Sie, daß die Randstrahlen wieder einen Kreis bilden. (In welcher Richtung und mit welchem Radius sieht der Beobachter aus dem System K die Kugel?)

Aufgabe 4.6.   Space War:

Zwei Raumschiffe gleicher Länge fliegen mit konstanter Geschwindigkeit in Längsrichtung nahe aneinander vorbei. Beide sind am Ende mit einem Laser ausgerüstet. Die beiden Besatzungen erhalten die Anweisung, im selben Moment, in dem die Spitze des eigenen Raumschiffs das Ende des anderen erreicht hat, einen Laserpuls abzufeuern.

Treffen – und wenn ja wo – die Laserpulse?

5 Mathematische Hilfsmittel

Bevor wir uns im zweiten Teil der relativistischen Mechanik, der Elektrodynamik und der relativistischen Quantenmechanik zuwenden, wollen wir die hierfür erforderlichen mathematischen Hilfsmittel kurz zusammenstellen. Unser Ziel ist es ja, die physikalischen Gleichungen so zu formulieren, daß ihr Verhalten bei Lorentz-Transformationen sofort zu sehen ist. Ebenso wie im dreidimensionalen Raum die Vektor- und Tensorrechnung das geeignete Hilfsmittel ist, um Gleichungen gegenüber räumlichen Drehungen in invarianter Form zu schreiben (vgl. Abschnitt 4.1), so ist auch hier eine entsprechend erweiterte vierdimensionale Vektor- und Tensorrechnung die mathematisch eleganteste Weise, um physikalische Gleichungen in Lorentz-invarianter Form darzustellen. Außerdem zeigt der Charakter einer physikalischen Größe (Skalar, Vektor, Tensor usw.) sofort an, wie sie sich bei einer Lorentz-Transformation verhält.

5.1 Die Minkowski-Metrik

Betrachten wir noch einmal die Minkowski-Darstellung für die Lorentz-Transformation aus Abschnitt 4.1 mit der wesentlichen Eigenschaft, daß sich der vierdimensionale Ortsvektor

$$(x_1, x_2, x_3, x_4) \;=\; (x, y, z, ict) \;=\; \{x_\mu\}_{\mu=1,\dots,4} \tag{5.1a}$$

beim Übergang von K nach K' mit einer *orthogonalen* Matrix (4.5)

$$L_\beta = \{L_{\mu\nu}\} = \begin{pmatrix} \dfrac{1}{\sqrt{1-\beta^2}} & 0 & 0 & \dfrac{i\beta}{\sqrt{1-\beta^2}} \\ 0 & 1 & 0 & 0 \\ 0 & 0 & 1 & 0 \\ \dfrac{-i\beta}{\sqrt{1-\beta^2}} & 0 & 0 & \dfrac{1}{\sqrt{1-\beta^2}} \end{pmatrix} \tag{5.1b}$$

transformiert.

Aufbauend auf dieser von Minkowski bereits vor über 80 Jahren vorgeschlagenen formalen Schreibweise mit der imaginären Größe i, ist es ein Leichtes, vollkommen analog zur dreidimensionalen Vektorrechnung eine vierdimensionale Vektorrechnung einzuführen, bei der die Lorentz-Transformationen eine Art „Drehungen" in der x-ict-Ebene sind (vgl. Abschnitt 4.1). Die Schreibweise mit Vierer-Vektoren und Vierer-Tensoren sowie mit einer entsprechenden Tensoranalysis unter Verwendung des Vierer-Vektoroperators $\left(\frac{\partial}{\partial x}, \frac{\partial}{\partial y}, \frac{\partial}{\partial z}, \frac{\partial}{\partial ict} \right)$ erlaubt eine elegante und übersichtliche Formulierung relativistischer Theorien. Auch wenn diese Formulierung über 80 Jahre alt ist und daher mancherorts als etwas veraltet betrachtet wird, stellt sie nach wie vor die mathematisch einfachste und der Raum-Zeit-Struktur der speziellen Relativitätstheorie am besten angepaßte Beschreibung dar. Durch die Einführung von i erhält das Skalarprodukt auch in vier Dimensionen die übliche Form, nämlich $x^2 + y^2 + z^2 + (ict)^2$, und damit ist dann scheinbar die „Welt in Ordnung". Das ist aber auch gleichzeitig einer der Gründe, der für die Einführung einer „Metrik" bereits in der speziellen Relativitätstheorie spricht, da dadurch die Besonderheit der Raum-Zeit-Struktur nicht einfach formal unter den imaginären Teppich gekehrt wird.

In diesem Kapitel sollen die für die Physik wichtigsten Begriffe der mathematischen Formulierung bei der Verwendung einer Metrik eingeführt werden. Betont sei aber, daß die Minkowskische Darstellung mit ict und die im folgenden vorgestellte Schreibweise mit Metrik mathematisch völlig äquivalent sind. Ebensowenig wie die Minkowski-Welt imaginär ist – die Verwendung von i dient lediglich der formalen Rechnung – ist die Minkowski-Metrik mystisch. Es muß lediglich zum Ausdruck gebracht werden, daß sich im Skalarprodukt die Zeitkoordinate anders verhält als die Ortskoordinaten. Die beiden möglichen mathematischen Beschreibungen sollten auf keinen Fall Verwirrung hervorrufen. Verwirrend ist nur die durch die Lorentz-Transformation gegebene Raum-Zeit-Struktur, in der wir leben.

Der zweite schwerer wiegende Grund für die Einführung einer Metrik besteht darin, daß es für die allgemeine Relativitätstheorie keine der Minkowski-Darstellung äquivalente Formulierung gibt; hier, wo durch Massen die Raum-Zeit-Struktur selbst geändert wird, ist die Verwendung der Metrik unvermeidlich und der zentrale Punkt. Im Hinblick darauf ist es zweckmäßig, bereits in der speziellen Relativitätstheorie die Metrik einzuführen, auch wenn man manchmal das Gefühl hat, mit Kanonen auf Spatzen zu schießen, wenn man wegen eines simplen Minuszeichens zwischen der Zeit- und den Raumkomponenten so viele Indizes oben und unten mitschleift. Man ebnet aber damit den Übergang zur schwierigeren Mathematik der allgemeinen Relativitätstheorie und lernt den dort unvermeidlichen Formalismus an einem einfacheren Fall kennen.

Nach dieser langen motivierenden Vorrede wollen wir jetzt die wichtigsten Begriffe erläutern. Ausgangspunkt ist der Zusammenhang zwischen den Koordinatendifferentialen dx^μ (der Index μ steht jetzt aus historischen und später ersichtlichen Gründen oben) zweier infinitesimal benachbarter Punkte im vierdimensionalen Raum-Zeit-Kontinuum und dem gegenüber Lorentz-Transformationen invarianten Betragsquadrat ihres Abstands ds^2 (vgl. Abschnitt 4.1), das sich in Form eines verallgemeinerten Satzes von Pythagoras schreiben läßt:

$$ds^2 = g_{\mu\nu}\, dx^\mu dx^\nu \quad \text{mit} \quad \{g_{\mu\nu}\} = \text{Metriktensor} \ . \tag{5.2}$$

Wir führen hier aus Bequemlichkeit bereits den Begriff „Metriktensor" ein, ohne von den Tensoreigenschaften Gebrauch zu machen. Daß es sich wirklich um einen Tensor handelt, beweisen wir in Abschnitt 5.2. Außerdem verwenden wir von jetzt an immer die Einsteinsche Summenkonvention, die besagt, daß über doppelt auftretende Indizes summiert wird und zwar – der Grund wird bald verständlich – jeweils über einen oberen und einen unteren Index.

Im Minkowski-Raum und bei Verwendung orthogonaler Koordinaten der Form

$$(x^1, x^2, x^3, x^4) = (x, y, z, ct) \quad \text{und}$$
$$ds^2 = dx^2 + dy^2 + dz^2 - c^2 dt^2 \tag{5.3a}$$

nimmt der Metriktensor $\{g_{\mu\nu}\}$ die Gestalt

$$\{g_{\mu\nu}\} = \begin{pmatrix} 1 & 0 & 0 & 0 \\ 0 & 1 & 0 & 0 \\ 0 & 0 & 1 & 0 \\ 0 & 0 & 0 & -1 \end{pmatrix} \tag{5.3b}$$

an. Gleichberechtigt und in der Literatur ebenso oft anzutreffen ist die Bezeichnungsweise

$$(x^0, x^1, x^2, x^3) = (ct, x, y, z) \quad \text{und}$$

$$ds^2 = c^2 dt^2 - dx^2 - dy^2 - dz^2 \tag{5.4a}$$

für den vierdimensionalen Ortsvektor und damit für den Metriktensor $\{\eta_{\mu\nu}\}$

$$\{\eta_{\mu\nu}\} = \begin{pmatrix} 1 & 0 & 0 & 0 \\ 0 & -1 & 0 & 0 \\ 0 & 0 & -1 & 0 \\ 0 & 0 & 0 & -1 \end{pmatrix} . \tag{5.4b}$$

Die beiden Möglichkeiten unterscheiden sich nur durch ein generelles Minuszeichen und die Reihenfolge der Koordinaten. Ob man (5.3) oder (5.4) den Vorzug gibt, hängt lediglich davon ab, ob die Raumkomponenten oder die Zeitkomponente mit dem gewohnten positiven Vorzeichen auftreten sollen. Wir entscheiden uns für (5.4) und vereinbaren zusätzlich, daß griechische Indizes von 0 bis 3 und lateinische von 1 bis 3 laufen.

Durch eine einfache Umrechnung erhält man aus (5.1) die Lorentz-Transformation für den vierdimensionalen Ortsvektor $\{x^0, x^1, x^2, x^3\}$, nämlich

$$\begin{pmatrix} x^{0'} \\ x^{1'} \\ x^{2'} \\ x^{3'} \end{pmatrix} = \begin{pmatrix} \frac{1}{\sqrt{1-\beta^2}} & \frac{-\beta}{\sqrt{1-\beta^2}} & 0 & 0 \\ \frac{-\beta}{\sqrt{1-\beta^2}} & \frac{1}{\sqrt{1-\beta^2}} & 0 & 0 \\ 0 & 0 & 1 & 0 \\ 0 & 0 & 0 & 1 \end{pmatrix} \begin{pmatrix} x^0 \\ x^1 \\ x^2 \\ x^3 \end{pmatrix} \tag{5.5a}$$

oder

$$x^{\mu'} = \Lambda^\mu{}_\nu \, x^\nu \quad \text{bzw. differenziert} \quad \frac{\partial x^{\mu'}}{\partial x^\nu} = \Lambda^\mu{}_\nu \tag{5.5b}$$

mit der Bezeichnung

$$\{\Lambda^\mu{}_\nu\} = \begin{pmatrix} \Lambda^0{}_0 & \Lambda^0{}_1 & \Lambda^0{}_2 & \Lambda^0{}_3 \\ \Lambda^1{}_0 & \Lambda^1{}_1 & \Lambda^1{}_2 & \Lambda^1{}_3 \\ \Lambda^2{}_0 & \Lambda^2{}_1 & \Lambda^2{}_2 & \Lambda^2{}_3 \\ \Lambda^3{}_0 & \Lambda^3{}_1 & \Lambda^3{}_2 & \Lambda^3{}_3 \end{pmatrix} = \begin{pmatrix} \frac{1}{\sqrt{1-\beta^2}} & \frac{-\beta}{\sqrt{1-\beta^2}} & 0 & 0 \\ \frac{-\beta}{\sqrt{1-\beta^2}} & \frac{1}{\sqrt{1-\beta^2}} & 0 & 0 \\ 0 & 0 & 1 & 0 \\ 0 & 0 & 0 & 1 \end{pmatrix} \tag{5.5c}$$

für die Transformationsmatrix aus (5.5a). Die etwas ungewohnte Stellung der Indizes wird einsichtig, wenn man die im weiteren benötigte zu (5.5) inverse Transformation

$$x^\mu \;=\; \Lambda_\nu{}^\mu \, x^{\nu\prime} \quad \text{bzw. differenziert} \quad \frac{\partial x^\mu}{\partial x^{\nu\prime}} \;=\; \Lambda_\nu{}^\mu \tag{5.6a}$$

mit der Bezeichnung

$$\{\Lambda_\nu{}^\mu\} = \begin{pmatrix} \Lambda_0{}^0 & \Lambda_1{}^0 & \Lambda_2{}^0 & \Lambda_3{}^0 \\ \Lambda_0{}^1 & \Lambda_1{}^1 & \Lambda_2{}^1 & \Lambda_3{}^1 \\ \Lambda_0{}^2 & \Lambda_1{}^2 & \Lambda_2{}^2 & \Lambda_3{}^2 \\ \Lambda_0{}^3 & \Lambda_1{}^3 & \Lambda_2{}^3 & \Lambda_3{}^3 \end{pmatrix} = \begin{pmatrix} \frac{1}{\sqrt{1-\beta^2}} & \frac{\beta}{\sqrt{1-\beta^2}} & 0 & 0 \\ \frac{\beta}{\sqrt{1-\beta^2}} & \frac{1}{\sqrt{1-\beta^2}} & 0 & 0 \\ 0 & 0 & 1 & 0 \\ 0 & 0 & 0 & 1 \end{pmatrix} \tag{5.6b}$$

einführt, die sich dann durch die Stellung der Indizes von (5.5) unterscheidet. Die inverse Transformation entsteht einfach durch den Übergang $v \to -v$, und es gilt

$$\Lambda^\mu{}_\lambda \, \Lambda_\nu{}^\lambda \;=\; \delta^\mu_\nu \quad \text{und} \quad \Lambda^\lambda{}_\nu \, \Lambda_\lambda{}^\mu \;=\; \delta^\mu_\nu \;\; . \tag{5.7}$$

Wir berechnen jetzt noch einige weitere für später wichtige Beziehungen zwischen der Lorentz-Transformation und der Metrik. Man findet durch direktes Ausrechnen

$$\Lambda_\kappa{}^\mu \, \Lambda_\lambda{}^\nu \, \eta_{\mu\nu} \;=\; \eta_{\kappa\lambda} \;\; . \tag{5.8}$$

Zusätzlich führen wir den zum Metriktensor inversen Tensor ein, den wir mit $\eta^{\mu\nu}$ bezeichnen und für den definitionsgemäß gilt

$$\eta^{\mu\lambda} \, \eta_{\lambda\nu} \;=\; \eta^\mu_\nu \;=\; \delta^\mu_\nu \;\; . \tag{5.9}$$

Aus (5.4b) und (5.9) ergibt er sich sofort zu

$$\{\eta^{\mu\nu}\} \;=\; \begin{pmatrix} 1 & 0 & 0 & 0 \\ 0 & -1 & 0 & 0 \\ 0 & 0 & -1 & 0 \\ 0 & 0 & 0 & -1 \end{pmatrix} \tag{5.10}$$

Er ist hier mit dem Metriktensor selbst identisch. Mit (5.10) findet man die zu (5.8) äquivalente Beziehung

$$\Lambda^\kappa{}_\mu \, \Lambda^\lambda{}_\nu \, \eta^{\mu\nu} \;=\; \eta^{\kappa\lambda} \;\; , \tag{5.11}$$

die zusammen mit (5.8) den Orthogonalitätsrelationen (4.6) für die Spalten und Zeilen in der Minkowski-Darstellung entspricht.

Zwei weitere nützliche Beziehungen zwischen der Lorentz-Transformation und der zu ihr inversen Transformation lauten

$$\Lambda_\nu{}^\mu = \eta_{\nu\kappa}\,\eta^{\mu\lambda}\,\Lambda^\kappa{}_\lambda \quad \text{und} \quad \Lambda^\mu{}_\nu = \eta^{\mu\kappa}\,\eta_{\nu\lambda}\,\Lambda_\kappa{}^\lambda \quad . \tag{5.12}$$

Für die erste dieser beiden Beziehungen führen wir den Beweis kurz vor, wobei wir von (5.7), (5.8) und (5.9) Gebrauch machen:

$$\begin{aligned}
\Lambda_\nu{}^\mu &= \eta^\mu_\alpha\,\Lambda_\nu{}^\alpha = \eta_{\alpha\lambda}\,\eta^{\mu\lambda}\,\Lambda_\nu{}^\alpha = \delta^\beta_\lambda\,\eta_{\alpha\beta}\,\eta^{\mu\lambda}\,\Lambda_\nu{}^\alpha \\
&= \Lambda_\kappa{}^\beta\,\Lambda^\kappa{}_\lambda\,\eta_{\alpha\beta}\,\eta^{\mu\lambda}\,\Lambda_\nu{}^\alpha = \eta_{\alpha\beta}\,\Lambda_\nu{}^\alpha\,\Lambda_\kappa{}^\beta\,\eta^{\mu\lambda}\,\Lambda^\kappa{}_\lambda \\
&= \eta_{\nu\kappa}\,\eta^{\mu\lambda}\,\Lambda^\kappa{}_\lambda \quad .
\end{aligned}$$

5.2 Einführung von Vierer-Vektoren und -Tensoren

Wir definieren jetzt – analog zur Definition von Vektoren und Tensoren aufgrund ihres Transformationsverhaltens bezüglich Raumdrehungen in der dreidimensionalen Vektorrechnung – Vierer-Größen aufgrund ihres Transformationsverhaltens bezüglich Lorentz-Transformationen.

Definition:

Eine in den Koordinatensystemen K und K' definierte vierkomponentige Größe (a^0, a^1, a^2, a^3) und $(a^{0'}, a^{1'}, a^{2'}, a^{3'})'$ heißt kontravarianter Vierer-Vektor, wenn sie sich bei Lorentz-Transformationen wie der vierdimensionale Ortsvektor $\{x^\mu\}$ transformiert, wenn also gilt

$$a^{\mu'} = \Lambda^\mu{}_\nu\,a^\nu \quad . \tag{5.13}$$

Als nächstes führen wir kovariante Vektoren ein. Um die Notwendigkeit hierfür aufzuzeigen, betrachten wir eine bezüglich Lorentz-Transformationen skalare differenzierbare Funktion $\varphi(x^0, \ldots, x^3)$ der Koordinaten x^μ, also eine Funktion mit der Eigenschaft $\varphi'(x^{\mu'}) = \varphi(x^\mu)$. Wir differenzieren jetzt φ' nach $x^{\lambda'}$ und wenden die Kettenregel der Differentialrechnung an

$$\frac{\partial \varphi'(x^{\mu'})}{\partial x^{\lambda'}} = \frac{\partial \varphi(x^{\mu})}{\partial x^{\lambda'}} = \frac{\partial \varphi(x^{\mu})}{\partial x^{\kappa}} \frac{\partial x^{\kappa}}{\partial x^{\lambda'}} = \Lambda_{\lambda}{}^{\kappa} \frac{\partial \varphi(x^{\mu})}{\partial x^{\kappa}} \quad . \tag{5.14}$$

Die vierkomponentige Größe $\partial \varphi / \partial x^{\lambda}$ transformiert sich beim Übergang von K nach K' also nicht mit der Lorentz-Transformation selbst, sondern mit der inversen Transformation. Man nennt diese Eigenschaft kovariant und verwendet zu ihrer Kennzeichnung untere Indizes.

Definition:

Eine in den Koordinatensystemen K und K' definierte vierkomponentige Größe (b_0, b_1, b_2, b_3) und $(b_0', b_1', b_2', b_3')'$ heißt kovarianter Vierer-Vektor, wenn sie sich bei Lorentz-Transformationen gemäß

$$b_{\mu}' = \Lambda_{\mu}{}^{\nu} b_{\nu} \tag{5.15}$$

transformiert.

Neben seinem Transformationsverhalten ist eine wesentliche Eigenschaft eines kovarianten Vektors, daß man mit ihm zusammen mit einem kontravarianten Vektor einen Lorentz-Skalar bilden kann

$$a^{\mu'} b_{\mu}' = \Lambda^{\mu}{}_{\kappa} a^{\kappa} \Lambda_{\mu}{}^{\lambda} b_{\lambda} = \delta_{\kappa}^{\lambda} a^{\kappa} b_{\lambda} = a^{\kappa} b_{\kappa} \quad . \tag{5.16}$$

Ein wichtiges Beispiel hierfür ist die beim Übergang $\{x^{\mu}\} \Rightarrow \{x^{\mu} + dx^{\mu}\}$ entstehende gesamte Änderung von φ, die als Differenz zweier Lorentz-Skalare wieder ein Lorentz-Skalar ist

$$d\varphi = \frac{\partial \varphi}{\partial x^{\mu}} dx^{\mu} \quad . \tag{5.17}$$

Summen und Differenzen von Vierer-Vektoren sind wieder Vierer-Vektoren. Beispielsweise ist die Differenz $\{dx^{\mu}\}$ zweier infinitesimal benachbarter Vierer-Ortsvektoren wieder ein Vierer-Vektor. Außerdem gilt $c\{a^{\mu}\} = \{c a^{\mu}\}$ und entsprechend $c\{b_{\mu}\} = \{c b_{\mu}\}$, wenn c ein Skalar ist.

Analog zu den Vierer-Vektoren führen wir jetzt Vierer-Tensoren über ihr Transformationsverhalten ein.

Definition:

In K und K' definierte 16-komponentige Größen $\{T^{\mu\nu}\}$, $\{T_{\nu}^{\mu}\}$ und $\{T_{\mu\nu}\}$ bzw. $\{T^{\mu\nu'}\}'$, $\{T_{\nu}^{\mu'}\}'$ und $\{T_{\mu\nu}'\}'$, für die bei Lorentz-Transformationen

$$T^{\mu\nu\prime} = \Lambda^{\mu}{}_{\kappa}\,\Lambda^{\nu}{}_{\lambda}\,T^{\kappa\lambda} \tag{5.18a}$$

$$T_{\nu}^{\mu\prime} = \Lambda^{\mu}{}_{\kappa}\,\Lambda_{\nu}{}^{\lambda}\,T_{\lambda}^{\kappa} \tag{5.18b}$$

$$T_{\mu\nu}{}' = \Lambda_{\mu}{}^{\kappa}\,\Lambda_{\nu}{}^{\lambda}\,T_{\kappa\lambda} \tag{5.18c}$$

gilt, heißen *kontravariante, gemischte bzw. kovariante Vierer-Tensoren zweiter Stufe.*

Ein spezieller gemischter Tensor zweiter Stufe ist $C_{\nu}^{\mu} = a^{\mu}b_{\nu}$, das „tensorielle" Produkt der beiden Vektoren a^{μ} und b_{ν}, denn man findet durch einfaches Nachrechnen

$$\begin{aligned}
C_{\nu}^{\mu\prime} &= a^{\mu\prime}b_{\nu}{}' = \Lambda^{\mu}{}_{\kappa}\,a^{\kappa}\Lambda_{\nu}{}^{\lambda}\,b_{\lambda} = \Lambda^{\mu}{}_{\kappa}\,\Lambda_{\nu}{}^{\lambda}\,a^{\kappa}b_{\lambda} \\
&= \Lambda^{\mu}{}_{\kappa}\,\Lambda_{\nu}{}^{\lambda}\,C_{\lambda}^{\kappa}
\end{aligned} \tag{5.19}$$

Man erkennt hieran sofort, wie sich Tensoren höherer Stufe aus Vierer-Größen konstruieren lassen, beispielsweise ist $\{a^{\lambda}C_{\nu}^{\mu}\} = \{D_{\nu}^{\lambda\mu}\}$ ein gemischter Tensor dritter Stufe, dessen Transformationsverhalten durch die Stellung seiner Indizes definiert ist. Die Summe von zwei Tensoren mit dem gleichen Transformationsverhalten ist wieder ein Tensor.

Eine wichtige Operation (damit man die immer mehr werdenden Indizes auch wieder los werden kann) ist die Summation über einen oberen und einen unteren Index, das *Verjüngen* eines Tensors. Beispielsweise wird dabei aus dem Tensor dritter Stufe $\{D_{\nu}^{\lambda\mu}\}$ ein kontravarianter Vektor $\{a^{\lambda}\} = \{D_{\mu}^{\lambda\mu}\}$. Der Beweis, daß durch das Verjüngen wieder ein Tensor mit je einem ko- und kontravarianten Index weniger entsteht, ist als Übungsaufgabe 5.1 durchzuführen. (Man bedenke, daß ein Vektor ein Tensor erster Stufe und ein Skalar ein Tensor nullter Stufe ist.)

Zwei wichtige Sätze über Vektoren und Tensoren, von denen wir im weiteren des öfteren Gebrauch machen werden, lauten:

Satz:

> Ist $a^{\mu}b_{\mu}$ *für einen beliebigen Vierer-Vektor $\{a^{\mu}\}$ (bzw. $\{b_{\mu}\}$) ein Lorentz-Skalar, dann ist $\{b_{\mu}\}$ ein kovarianter (bzw. $\{a^{\mu}\}$ ein kontravarianter) Vierer-Vektor.*

Wir wollen diesen Satz beweisen: Da $\{a^{\mu}\}$ ein Vierer-Vektor ist, gilt

$$a^{\mu\prime}b_{\mu}{}' = \Lambda^{\mu}{}_{\kappa}\,a^{\kappa}b_{\mu}{}' = a^{\mu}\Lambda^{\kappa}{}_{\mu}\,b_{\kappa}{}' = a^{\mu}b_{\mu}$$

und wegen $\{a^{\mu}\}$ beliebig folgt daraus $b_{\mu} = \Lambda^{\kappa}{}_{\mu}b_{\kappa}{}'$. Multiplizieren wir dies mit $\Lambda_{\lambda}{}^{\mu}$, dann ergibt sich endgültig

$$\Lambda_\lambda{}^\mu \, b_\mu \;=\; \Lambda_\lambda{}^\mu \, \Lambda^\kappa{}_\mu \, b_\kappa{}' \;=\; \delta_\lambda^\kappa \, b_\kappa{}' \;=\; b_\lambda{}' \quad .$$

Die in Klammern stehende Aussage des Satzes läßt sich genauso einfach beweisen.

Ein analoger Satz gilt für Tensoren:

Ist $T_{\mu\nu}a^\mu c^\nu$ (bzw. $S^{\mu\nu}b_\mu d_\nu$) für beliebige Vektoren $\{a^\mu\}$ und $\{c^\nu\}$ (bzw. $\{b_\mu\}$ und $\{d_\nu\}$) ein Skalar, dann ist $\{T_{\mu\nu}\}$ ein kovarianter (bzw. $\{S^{\mu\nu}\}$ ein kontravarianter) Tensor.

Den ebenfalls sehr einfachen Beweis überlassen wir dem Leser (s. Übungsaufgabe 5.2).

Da ds^2 ein Lorentz-Skalar und $\{dx^\mu\}$ ein beliebiger Vierer-Vektor ist, folgt aus (5.2) und dem obigen Satz sofort, daß $\{g_{\mu\nu}\}$ und damit natürlich auch $\{\eta_{\mu\nu}\}$ ein kovarianter Vierer-Tensor ist. Aus Gleichung (5.8), deren linke Seite die Transformation des Metriktensors darstellt, folgt überdies, daß $\{\eta_{\mu\nu}\}$ in allen Lorentz-Systemen die gleiche Gestalt hat, was von der Definition her klar ist, d.h., durch Lorentz-Transformationen wird die Metrik und damit die Raum-Zeit-Struktur nicht verändert.

Verlangt man umgekehrt, daß bei noch unbekannter Transformation in den Koordinatensystemen K und K' die Minkowski-Metrik (5.4) gilt, so folgt aus der Beziehung (5.8), jetzt aufgefaßt als Bestimmungsgleichung für $\{\Lambda^\mu{}_\nu\}$, die Lorentz-Transformation (5.5) (s. Übungsaufgabe 5.2). Die Lorentz-Transformation und die Minkowski-Metrik bedingen sich gegenseitig.

Mit Hilfe des Metriktensors kann man, wie man mit (5.8) leicht nachrechnet, aus zwei kontravarianten Vierer-Vektoren $\{a^\mu\}$ und $\{c^\mu\}$ einen Lorentz-Skalar bilden, nämlich das

$$\text{Skalarprodukt} \;=\; \eta_{\mu\nu}\, a^\mu c^\nu \quad . \tag{5.20}$$

Ein spezielles Skalarprodukt ist das Betragsquadrat von $\{a^\mu\}$, also $\eta_{\mu\nu}\, a^\mu a^\nu$.

Wie der Metriktensor $\{\eta_{\mu\nu}\}$ behält auch der zu ihm inverse $\{\eta^{\mu\nu}\}$ bei Lorentz-Transformationen seine Gestalt; zusammen mit (5.11) folgt daraus der Tensorcharakter von $\{\eta^{\mu\nu}\}$, und wir können jetzt auch aus zwei kovarianten Vierer-Vektoren $\{b_\mu\}$ und $\{d_\mu\}$ einen Lorentz-Skalar bilden, nämlich das

$$\text{Skalarprodukt} \;=\; \eta^{\mu\nu}\, b_\mu d_\nu \quad . \tag{5.21}$$

Die Einführung dieser Skalarprodukte ermöglicht die Formulierung eines weiteren später benötigten Satzes:

Ist $\eta_{\mu\nu}a^\mu c^\nu$ (bzw. $\eta^{\mu\nu}b_\mu d_\nu$) für einen beliebigen Vierer-Vektor $\{a^\mu\}$ (bzw. $\{b_\mu\}$) ein Lorentz-Skalar, dann ist $\{c^\nu\}$ ein kontravarianter (bzw. $\{d_\nu\}$ ein kovarianter) Vierer-Vektor.

Entsprechendes gilt natürlich auch für Tensoren.

Mit den ko- und kontravarianten Metriktensoren kann man die Indizes völlig unbekümmert und beliebig hinauf- und hinunterziehen und dadurch den Charakter des jeweiligen Index ändern, z.B.:

$$\eta_{\mu\nu}\, a^\nu = a_\mu \tag{5.22a}$$

$$\eta^{\mu\nu}\, b_\nu = b^\mu \tag{5.22b}$$

$$\eta_{\mu\nu}\, T^{\lambda\nu} = T^\lambda_\mu \tag{5.22c}$$

$$\eta^{\mu\lambda}\, T_{\lambda\nu} = T^\mu_\nu \tag{5.22d}$$

Die ko- und kontravariante Form eines Vektors unterscheidet sich hier nur in den Vorzeichen der drei letzten Komponenten. Es ist daher egal, welche Form man verwendet. Allerdings gibt es Vektoren, wie z.B. $\{dx^\mu\}$, die auf natürliche Weise mehr kontravariant erscheinen, und andere, wie z.B $\{\partial_\mu\}$, bei denen der kovariante Charakter natürlicher ist.

Es sei an dieser Stelle nochmals angemerkt, daß schon der Eindruck entstehen könnte, der vorgestellte Tensorkalkül für die Lorentz-Transformation sei ein wenig der Verliebtheit in mathematische Formalismen und in die Eleganz der Formulierung entsprungen und weniger der physikalischen Notwendigkeit, aber wie gesagt, hier sieht es verspielt aus, im verallgemeinerten Tensorkalkül für die allgemeine Relativitätstheorie wird es aber dann blutiger Ernst.

Wir wollen noch ein paar sprachliche Vereinbarungen treffen: Wir nennen a^0 die Zeit-Komponente und a^i die Raum-Komponenten des Vierer-Vektors $\{a^\mu\}$. Bei einem Vierer-Tensor zweiter Stufe $\{T^{\mu\nu}\}$ heißt T^{00} die Zeit-Komponente, T^{0i} und T^{i0} heißen die Raum-Zeit-Komponenten und T^{ij} die Raum-Raum-Komponenten. Für kovariante Vektoren und Tensoren gilt entsprechendes.

Das Betragsquadrat eines Vierer-Vektors kann größer, gleich oder auch kleiner als Null sein. Ein Vektor heißt „zeitartig", falls sein Betragsquadrat größer Null, „lichtartig", falls es gleich Null ist, und „raumartig", falls es kleiner Null ist. Diese Aussagen sind natürlich Lorentz-invariant.

Unsere Bezeichnungsweise hat den folgenden Hintergrund: Wir betrachten zwei Punktereignisse mit den vierdimensionalen Ortsvektoren $\{x^\mu_{(1)}\}$ und $\{x^\mu_{(2)}\}$. Der vierdimensionale Abstand $\{d^\mu_{(1,2)}\} = \{x^\mu_{(1)} - x^\mu_{(2)}\}$ ist dann wieder ein Vierer-Vektor und sein Betragsquadrat $\eta_{\mu\nu} d^\mu_{(1,2)} d^\nu_{(1,2)} = D$ ein Lorentz-Skalar, woraus folgt:

$D > 0 \Rightarrow$ Es gibt kein Bezugssystem, in dem beide Ereignisse gleichzeitig erscheinen, denn wäre $x^0_{(1)} - x^0_{(2)} = 0$, dann wäre $D < 0$. Möglich dagegen ist, daß die beiden Punktereignisse am gleichen Ort, aber zu verschiedenen Zeiten auftreten (zeitartig).

$D < 0 \Rightarrow$ Es gibt kein Bezugssystem, in dem beide Ereignisse im gleichen Raumpunkt nacheinander erscheinen, denn wäre $x^i_{(1)} - x^i_{(2)} = 0$ für $i = 1, 2, 3$, dann wäre $D > 0$. Möglich dagegen ist, daß die beiden Punktereignisse zur gleichen Zeit, aber an verschiedenen Orten auftreten (raumartig).

$D = 0 \Rightarrow$ Dies ist der Lichtkegel, der die raum- und zeitartigen Ereignisse voneinander trennt.

Nach dieser Einführung von Vierer-Vektoren und -Tensoren wenden wir uns noch kurz der Bildung von Vierer-Größen durch Differenzieren zu.

5.3 Tensoranalysis

Wir haben in (5.14) gefunden, daß sich $\{\partial\varphi/\partial x^\mu\}$ wie ein kovarianter Vierer-Vektor transformiert, wenn φ eine gegenüber Lorentz-Transformationen skalare Funktion ist. Dieser Vierer-Vektor heißt der Vierer-Gradient von φ.

Man kann nun völlig analog zu dem dreidimensionalen Vektoroperator $\mathrm{grad} = \left(\frac{\partial}{\partial x}, \frac{\partial}{\partial y}, \frac{\partial}{\partial z} \right)$ einen Vierer-Vektoroperator

$$\left\{ \frac{\partial}{\partial x^\mu} \right\} = \mathrm{Grad} = \{\partial_\mu\} \tag{5.23}$$

definieren. Dieser Operator transformiert sich wie ein kovarianter Vierer-Vektor. Da die Lorentz-Transformationen lineare Transformationen sind und daher die Koordinaten selbst nicht enthalten, ist der Vektoroperator $\{\partial_\mu\}$ mit der Transformationsmatrix vertauschbar, und der

Operatorcharakter stört den Vektorcharakter nicht. Bei der Anwendung auf Funktionen ist natürlich der Operatorcharakter (Produktregel usw.) zu beachten. Mit (5.23) können wir die vierdimensional erweiterten Differentialoperatoren bilden:

$$\{\partial_\mu \varphi\} = \operatorname{Grad} \varphi = \left\{ \frac{\partial \varphi}{\partial x^\mu} \right\} \qquad \text{Vierer} - \text{Vektor} \qquad (5.24a)$$

$$\partial_\mu a^\mu = \operatorname{Div}\{a^\mu\} = \frac{\partial a^\mu}{\partial x_\mu} \qquad \text{Vierer} - \text{Skalar} \qquad (5.24b)$$

$$\{\partial_\mu b_\nu - \partial_\nu b_\mu\} = \operatorname{Rot}\{b_\mu\}$$

$$= \left\{ \frac{\partial b_\nu}{\partial x_\mu} - \frac{\partial b_\mu}{\partial x_\nu} \right\} \qquad \text{Vierer} - \text{Tensor} \qquad (5.24c)$$

$$\eta^{\mu\nu}\partial_\mu\partial_\nu\varphi = \Box\,\varphi = \eta^{\mu\nu}\frac{\partial}{\partial x^\mu}\frac{\partial}{\partial x^\nu}\varphi \qquad \text{Vierer} - \text{Skalar} \qquad (5.24d)$$

$$= \left(\frac{1}{c^2}\frac{\partial^2}{\partial t^2} - \frac{\partial^2}{\partial x^2} - \frac{\partial^2}{\partial y^2} - \frac{\partial^2}{\partial z^2} \right)\varphi \ .$$

Damit haben wir auch für die Tensoranalysis unser Ziel erreicht. Beispielsweise sieht man jetzt mit einem Blick auf Gleichung (5.24d), daß der D'Alembert-Operator der Wellengleichung ein Lorentz-Skalar ist. Da die Wellengleichung das lokale Gesetz für die Lichtausbreitung darstellt, findet man auch auf dieser Ebene die Konstanz der Lichtgeschwindigkeit in jedem Koordinatensystem.

Die vierdimensionale Rotation ist ein schiefsymmetrischer Tensor zweiter Stufe. Im Gegensatz zur dreidimensionalen Vektorrechnung, wo sich die drei unabhängigen Komponenten von $\operatorname{rot}\boldsymbol{a}$ wieder (bezüglich Raumdrehungen ohne Spiegelungen) als Vektor schreiben lassen, besitzt ein vierdimensionaler schiefsymmetrischer Tensor sechs unabhängige Komponenten und kann sich schon deshalb nicht wie ein Vierer-Vektor transformieren.

Natürlich lassen sich mit $\{\partial_\lambda\}$ auch Tensoren höherer Stufe bilden. Zum Beispiel ist $\{\partial_\lambda T^{\mu\nu}\}$ ein Tensor dritter Stufe, der über zwei Indizes verjüngt $\{\partial_\lambda T^{\lambda\nu}\} = \{a^\nu\}$ einen Vierer-Vektor, die Divergenz des Tensors $\{T^{\mu\nu}\}$, ergibt.

5.4 Das Differential der Eigenzeit

Aus der Lorentz-Transformation folgt, daß die Anzeige t' einer Uhr im System K', das sich mit der konstanten Geschwindigkeit v relativ zum Laborsystem K bewegt, mit der Laborzeit t über $t' = t\sqrt{1-\beta^2}$ zusammenhängt. Bewegt sich die Uhr nicht mehr gleichförmig, dann läßt sich dieser Zusammenhang nur noch differentiell formulieren, nämlich $dt' = dt\sqrt{1-\beta(t)^2}$, wobei in $\beta(t) = v(t)/c$ die in dem Zeitintervall dt vorhandene Geschwindigkeit der Uhr relativ zum Laborsystem einzusetzen ist. Die im Eigensystem der Uhr verstrichene Zeit dt' muß für jeden Beobachter die gleiche sein, dt' ist per Konstruktion ein Lorentz-Skalar. Im weiteren wollen wir die Eigenzeit mit τ, das Differential der Eigenzeit mit $d\tau$ bezeichnen.

Wegen der Bedeutung dieser Größe, speziell für die im zweiten Teil folgende relativistische Physik, wollen wir noch einen etwas anderen Zugang aufzeigen. Dazu betrachten wir eine Uhr, die sich ungleichförmig auf einer beliebigen Bahn im System K bewegt (Bild 5.1).

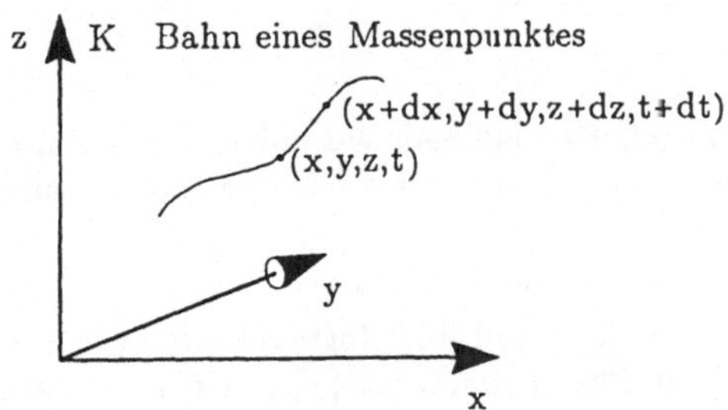

Bild 5.1 Zum Differential der Eigenzeit

Die Punkte $\{x^\mu\}$ und $\{x^\mu+dx^\mu\}$ sind zwei infinitesimal benachbarte Punkte auf der Weltlinie der Uhr, der Abstand $\{dx^\mu\}$ ist ein Vierer-Vektor und das Betragsquadrat $\eta_{\mu\nu}dx^\mu dx^\nu$ ein Lorentz-Skalar:

$$\eta_{\mu\nu}\,dx^\mu dx^\nu = ds^2 = (dct)^2 - dx^2 - dy^2 - dz^2$$
$$= \left[c^2 - \frac{dx^2}{dt^2} - \frac{dy^2}{dt^2} - \frac{dz^2}{dt^2}\right]dt^2 = (c^2 - v^2)dt^2$$
$$= c^2(1-\beta^2)dt^2 = c^2 d\tau^2 \quad . \tag{5.25}$$

(dt = Differential der Laborzeit, v = momentane Geschwindigkeit im Laborsystem.)

Aus $ds^2 = c^2 d\tau^2$ folgt sofort, daß $d\tau$ ein Lorentz-Skalar ist. Die auf der bewegten Uhr insgesamt verstrichene Zeit erhält man durch Integration längs der Bahn

$$\int_{\text{Bahn}} d\tau = \int_{\text{Bahn}} \sqrt{1 - \beta^2}\, dt = \text{Lorentz} - \text{Skalar} < \int_{\text{Bahn}} dt \ . \qquad (5.26)$$

Die Eigenzeit $\int_{\text{Bahn}} d\tau$ ist zwar ein Lorentz-Skalar, aber nicht wegunabhängig. Dies ist ja die zentrale Aussage des Zwillingsparadoxons.

Bei unseren Überlegungen haben wir vorausgesetzt, daß die Uhren von ihrer Konstruktion her auch bei Beschleunigungen „richtig" gehen. Dies ist im Prinzip experimentell nachprüfbar. Relativ große Beschleunigungen bei kleinen Geschwindigkeiten (schnelles Schütteln mit kleinen Amplituden) dürfen den Gang der Uhr nicht ändern, dann geht sie bei relativ kleinen Beschleunigungen und großen Geschwindigkeiten auch richtig.

5.5 Übungsaufgaben

Aufgabe 5.1.   Zeigen Sie, daß beim Verjüngen eines Tensors wieder ein Tensor mit je einem ko- und kontravarianten Index weniger entsteht.

Aufgabe 5.2.   Beweisen Sie den Satz:
Ist $T_{\mu\nu}a^{\mu}c^{\nu}$ (bzw. $S^{\mu\nu}b_{\mu}d_{\nu}$) für beliebige Vektoren $\{a^{\mu}\}$ und $\{c^{\nu}\}$ (bzw. $\{b_{\mu}\}$ und $\{d_{\nu}\}$) ein Skalar, dann ist $\{T_{\mu\nu}\}$ ein kovarianter (bzw. $S^{\mu\nu}$ ein kontravarianter) Tensor.

Aufgabe 5.3.   Zeigen Sie, daß allein aus der Forderung, daß in den Koordinatensystemen K und K' die Minkowski-Metrik (5.4) gilt, für den Übergang von K nach K' die Lorentz-Transformation (5.5) folgt.

Aufgabe 5.4.   Zeigen Sie, daß die Koeffizienten $\varepsilon^{\kappa\lambda\mu\nu}$ mit

$$\varepsilon^{\kappa\lambda\mu\nu} = \begin{cases} +1 & \text{für } \kappa\lambda\mu\nu \text{ gerade Permutation von 0123} \\ -1 & \text{für } \kappa\lambda\mu\nu \text{ ungerade Permutation von 0123} \\ 0 & \text{sonst} \end{cases}$$

einen kontravarianten Tensor vierter Stufe (Levi-Civita-Tensor) bilden.

6 Relativistische Mechanik

6.1 Vierdimensionale Lorentz-invariante Formulierung

In den vorangegangenen Abschnitten haben wir diskutiert, daß alle Naturgesetze invariant gegenüber Lorentz-Transformationen sein müssen. Dies ist eine Forderung aus dem Einsteinschen Relativitätsprinzip zusammen mit der durch die Lorentz-Transformation beschriebenen Raumzeitstruktur unserer Welt. Als Folge davon können die alten Newtonschen Bewegungsgleichungen nicht mehr als streng gültiges Naturgesetz angesehen werden; sie sind invariant bezüglich Galilei-Transformationen und demzufolge nicht Lorentz-invariant. Wir müssen also versuchen, die Naturgesetze – zunächst die Newtonschen Bewegungsgleichungen als Ausgangspunkt für die Mechanik – so abzuändern, daß sie den Forderungen der speziellen Relativitätstheorie genügen. Dabei werden wir nach folgenden Überlegungen vorgehen:

1. Wir versuchen, die Gesetze vierdimensional zu erweitern, so daß sie Lorentz-invariant werden.

2. Außerdem sollen diese neuen Gleichungen für den Grenzfall kleiner Geschwindigkeiten $v \ll c$ in die alten Naturgesetze übergehen.

Unser Ziel ist also, zunächst für die Mechanik eine Lorentz-invariante Formulierung zu finden, die mit β gegen Null in die klassische Newtonsche Mechanik übergeht. Für Geschwindigkeiten $v \ll c$ ist ja die Newtonsche Mechanik eine experimentell hervorragend bestätigte Theorie – man denke nur an die Gesetze der Planetenbewegung.

Vierer-Größen

Als erstes suchen wir weitere Vierer-Größen. Wir kennen schon den Vierer-Ortsvektor $\{x^\mu\}$, das Differential des Vierer-Ortsvektors $\{dx^\mu\}$ und, als Lorentz-Skalar, das Differential der Eigenzeit $d\tau$. Daraus können wir, analog zur klassischen Geschwindigkeit, die Vierer-Geschwindigkeit

$$\left\{\frac{dx^\mu}{d\tau}\right\} \equiv \{u^\mu\} \tag{6.1}$$

bilden. Da $\{dx^\mu\}$ ein Vierer-Vektor und $d\tau$ ein Lorentz-Skalar ist, transformiert sich $\{u^\mu\}$ ebenfalls wie ein Vierer-Vektor. Aus der Kettenregel der Differentialrechnung folgt

$$u^\mu = \frac{dx^\mu}{d\tau} = \frac{dx^\mu}{dt}\frac{dt}{d\tau} = \frac{dx^\mu}{dt}\frac{1}{\sqrt{1-\beta^2}} \ . \tag{6.2}$$

Die Komponenten der Vierer-Geschwindigkeit sind somit

$$\begin{aligned}
u^0 &= \frac{c}{\sqrt{1-\beta^2}} \ , & u^1 &= \frac{v_x}{\sqrt{1-\beta^2}} \ , \\
u^2 &= \frac{v_y}{\sqrt{1-\beta^2}} \ , & u^3 &= \frac{v_z}{\sqrt{1-\beta^2}} \ .
\end{aligned} \tag{6.3}$$

Diese Vierer-Geschwindigkeit genügt unseren Forderungen; sie transformiert sich bei Lorentz-Transformationen wie ein kontravarianter Vierer-Vektor, und für $\beta \to 0$ gilt $(u^1, u^2, u^3) \to \boldsymbol{v}^{\mathrm{N}} = \boldsymbol{v}^{\mathrm{Newton}}$. (Mit dem hochgestellten Index N wollen wir die Größen der klassischen Mechanik bezeichnen; so ist etwa $\boldsymbol{b}^{\mathrm{N}}$ die Newtonsche Beschleunigung $d\boldsymbol{v}^{\mathrm{N}}/dt$, die ja Galilei-invariant ist.) Für das Betragsquadrat der Vierer-Geschwindigkeit ergibt sich

$$\eta_{\mu\nu}\,u^\mu u^\nu = \frac{c^2}{1-\beta^2} - \frac{v^2}{1-\beta^2} = c^2 \ , \tag{6.4}$$

also ein Lorentz-Skalar, und aus $\eta_{\mu\nu}\,u^\mu u^\nu > 0$ folgt, daß $\{u^\mu\}$ ein zeitartiger Vierer-Vektor ist. Durch nochmalige Differentiation nach $d\tau$ erhält man aus $\{u^\mu\}$ die Vierer-Beschleunigung $\{b^\mu\}$

$$\left\{\frac{du^\mu}{d\tau}\right\} \equiv \{b^\mu\} \ , \tag{6.5}$$

also

$$b^\mu = \frac{du^\mu}{d\tau} = \frac{du^\mu}{dt}\frac{dt}{d\tau} = \frac{du^\mu}{dt}\frac{1}{\sqrt{1-\beta^2}}\ .$$

Unter Verwendung von

$$u^i(t) = \frac{v^i(t)}{\sqrt{1-\beta(t)^2}}$$

und

$$\frac{d|\boldsymbol{v}|}{dt} = \frac{d\left(\sqrt{v_x^2 + v_y^2 + v_z^2}\right)}{dt} = \frac{1}{|\boldsymbol{v}|}\left(\boldsymbol{v}\cdot\frac{d\boldsymbol{v}}{dt}\right)$$

erhält man daraus für die Komponenten der Vierer-Beschleunigung

$$b^0 = \frac{\frac{1}{c}\left(\boldsymbol{v}\cdot\frac{d\boldsymbol{v}}{dt}\right)}{(1-\beta^2)^2}\ , \qquad b^1 = \frac{\frac{dv_x}{dt}}{1-\beta^2} + \frac{v_x\left(\boldsymbol{v}\cdot\frac{d\boldsymbol{v}}{dt}\right)}{c^2(1-\beta^2)^2}\ ,$$

$$b^2 = \frac{\frac{dv_y}{dt}}{1-\beta^2} + \frac{v_y\left(\boldsymbol{v}\cdot\frac{d\boldsymbol{v}}{dt}\right)}{c^2(1-\beta^2)^2}\ , \quad b^3 = \frac{\frac{dv_z}{dt}}{1-\beta^2} + \frac{v_z\left(\boldsymbol{v}\cdot\frac{d\boldsymbol{v}}{dt}\right)}{c^2(1-\beta^2)^2}\ . \tag{6.6}$$

Auch hier gilt für $\beta \to 0$: $(b^1, b^2, b^3) \to d\boldsymbol{v}/dt = \boldsymbol{b}^{\mathrm{N}}$ und $b^0 \to 0$. Man findet $\eta_{\mu\nu}\, b^\mu\, b^\nu \leq 0$, also ist $\{b^\mu\}$ ein raumartiger Vierer-Vektor. Aus $\eta_{\mu\nu}\, u^\mu\, u^\nu = c^2 = \mathrm{konst.}$ folgt

$$\frac{d}{d\tau}\left(\eta_{\mu\nu}\, u^\mu\, u^\nu\right) = 0 = 2\,\eta_{\mu\nu}\frac{du^\mu}{d\tau}u^\nu = 2\,\eta_{\mu\nu}\, b^\mu\, u^\nu\ , \tag{6.7}$$

d.h., die Vierer-Geschwindigkeit und die Vierer-Beschleunigung stehen im Minkowski-Raum immer senkrecht aufeinander.

Erweiterung der Newtonschen Bewegungsgleichungen

Wir haben mit (6.6) die vierdimensionale Erweiterung der Beschleunigung gefunden, für die für $\beta \to 0$ gilt $(b^1, b^2, b^3) = \boldsymbol{b}^{\mathrm{N}}$. Die Masse eines Körpers, gemessen in dem System, in dem er ruht, heißt die Ruhmasse m_0. Per Definition ist die Ruhmasse m_0 eines Körpers ein Lorentz-Skalar. Analog zur Newtonschen Bewegungsgleichung definieren wir

$$m_0\frac{du^\mu}{d\tau} = m_0\, b^\mu \equiv K^\mu\ . \tag{6.8}$$

Damit ist $\{K^\mu\}$ ebenfalls ein Vierer-Vektor; er heißt der Minkowskische Kraftvektor. Um den physikalischen Inhalt der so abgeänderten Bewegungsgleichung zu übersehen und insbesondere einen Vergleich mit der nichtrelativistischen Newtonschen Bewegungsgleichung zu ermöglichen, ersetzen wir in (6.8) die Eigenzeit $d\tau$ durch $dt\sqrt{1-\beta^2}$ und die Vierer-Geschwindigkeit $\{u^\mu\}$ durch $\{c/\sqrt{1-\beta^2}, \boldsymbol{v}/\sqrt{1-\beta^2}\}$. Für die letzten drei Komponenten von Gleichung (6.8) erhalten wir aus

$$m_0\,\frac{du^i}{d\tau} = m_0\,\frac{du^i}{dt}\frac{dt}{d\tau} = \frac{m_0}{\sqrt{1-\beta^2}}\,\frac{d\left(v^i/\sqrt{1-\beta^2}\right)}{dt} = K^i$$

die Vektorgleichung

$$\frac{d}{dt}\left(\frac{m_0\boldsymbol{v}}{\sqrt{1-\beta^2}}\right) = \left(K^1\sqrt{1-\beta^2}, K^2\sqrt{1-\beta^2}, K^3\sqrt{1-\beta^2}\right).\quad (6.9)$$

Der Vergleich mit $d\boldsymbol{p}^{\mathrm{N}}/dt = \boldsymbol{K}^{\mathrm{N}}$ („zeitliche Änderung der Bewegungsgröße = Kraft") legt nahe, zwischen den letzten drei Komponenten des Minkowskischen Kraftvektors und dem in der Newtonschen Bewegungsgleichung auftretenden dreidimensionalen Kraftvektor den Zusammenhang

$$K_x^{\mathrm{N}} = K^1\sqrt{1-\beta^2}\,,\quad K_y^{\mathrm{N}} = K^2\sqrt{1-\beta^2}\,,\quad K_z^{\mathrm{N}} = K^3\sqrt{1-\beta^2}$$

anzunehmen. Für eine solche Annahme spricht einmal, daß im Grenzfall kleiner Geschwindigkeiten $(\beta \to 0)$ $(K^1, K^2, K^3) = \boldsymbol{K}^{\mathrm{N}}$ wird. Ferner wird sie noch dadurch unterstützt, daß sie, wie wir weiter unten sehen werden (Gleichung (6.11)), auf einen Energiesatz der üblichen Form führt. Die Richtigkeit dieser Annahme muß jedoch letzten Endes vom Experiment bestätigt werden, indem man die so angesetzte Bewegungsgleichung oder Folgerungen daraus experimentell überprüft. Wir haben also für die letzten drei Komponenten der Minkowski-Kraft den Zusammenhang

$$(K^1, K^2, K^3) = \frac{\boldsymbol{K}^{\mathrm{N}}}{\sqrt{1-\beta^2}}\;.$$

Daraus kann man die Komponente K^0 von $\{K^\mu\}$ berechnen. Wir multiplizieren dazu die Gleichung (6.8) mit $\eta_{\mu\nu}u^\nu$ und summieren über μ

von 0 bis 3. Die linke Seite $m_0\eta_{\mu\nu}b^\mu u^\nu$ ergibt nach (6.7) Null, und die rechte Seite führt auf

$$m_0\,\eta_{\mu\nu}\,b^\mu\,u^\nu \;=\; 0 \;=\; \eta_{\mu\nu}\,K^\mu\,u^\nu \;=\; K^0 u^0 - \frac{\boldsymbol{K}^{\mathrm{N}}}{\sqrt{1-\beta^2}}\,\frac{\boldsymbol{v}}{\sqrt{1-\beta^2}}$$

$$=\; K^0\frac{c}{\sqrt{1-\beta^2}} - \frac{\boldsymbol{K}^{\mathrm{N}}}{\sqrt{1-\beta^2}}\,\frac{\boldsymbol{v}}{\sqrt{1-\beta^2}}\quad,$$

oder nach K^0 aufgelöst

$$K^0 \;=\; \frac{1}{c}\frac{\boldsymbol{K}^{\mathrm{N}}\cdot\boldsymbol{v}}{\sqrt{1-\beta^2}}\quad.$$

Der Minkowski-Kraftvektor läßt sich somit schreiben als

$$\{K^\mu\} \;=\; \left\{\frac{1}{c}\frac{\boldsymbol{K}^{\mathrm{N}}\cdot\boldsymbol{v}}{\sqrt{1-\beta^2}}\,,\;\frac{\boldsymbol{K}^{\mathrm{N}}}{\sqrt{1-\beta^2}}\right\}\quad. \tag{6.10}$$

Er stellt die in unserem Sinne eindeutige vierdimensionale Erweiterung der Newtonschen Kraft $\boldsymbol{K}^{\mathrm{N}}$ dar. Die nullte Komponente der vierdimensionalen Erweiterung der Bewegungsgleichung (6.8) lautet mit diesem Ergebnis

$$m_0\frac{d\left(c/\sqrt{1-\beta^2}\right)}{d\tau} \;=\; \frac{1}{c}\frac{\boldsymbol{K}^{\mathrm{N}}\cdot\boldsymbol{v}}{\sqrt{1-\beta^2}}$$

oder, wenn man noch das Differential der Eigenzeit $d\tau$ durch das der Laborzeit dt ersetzt:

$$\frac{d}{dt}\left(\frac{m_0c^2}{\sqrt{1-\beta^2}}\right) \;=\; \boldsymbol{K}^{\mathrm{N}}\cdot\boldsymbol{v}\quad. \tag{6.11}$$

Da $\boldsymbol{K}^{\mathrm{N}}\cdot\boldsymbol{v}$ die von der Kraft $\boldsymbol{K}^{\mathrm{N}}$ pro Zeiteinheit geleistete Arbeit ist, müssen wir die linke Seite als die zeitliche Änderung der Energie auffassen. Also bezeichnet $m_0c^2/\sqrt{1-\beta^2}$ eine Energie. Die nullte Komponente der Gleichung (6.8) ergibt also die zeitliche Änderung der Energie und die letzten drei Komponenten die zeitliche Änderung des Impulses.

Diese Ergebnisse legen die Einführung folgender Bezeichnungen nahe:

$$\text{relativistische Masse} \qquad m = \frac{m_0}{\sqrt{1 - \beta^2}}$$

$$\text{relativistischer Impuls} \qquad \boldsymbol{p} = m\,\boldsymbol{v} = \frac{m_0\boldsymbol{v}}{\sqrt{1 - \beta^2}} \tag{6.12}$$

$$\text{relativistische Energie} \qquad E = m\,c^2 = \frac{m_0 c^2}{\sqrt{1 - \beta^2}}$$

Mit diesen Bezeichnungen lautet die relativistische Bewegungsgleichung in der völlig äquivalenten vierdimensionalen und dreidimensionalen Schreibweise:

$$m_0 b^\mu = K^\mu \qquad \Longleftrightarrow \qquad \left(\begin{array}{l} \dfrac{dE}{dt} = \boldsymbol{K}^{\mathrm{N}} \cdot \boldsymbol{v} \\[2ex] \dfrac{d\boldsymbol{p}}{dt} = \boldsymbol{K}^{\mathrm{N}} \end{array} \right). \tag{6.13}$$

Für $\boldsymbol{K}^{\mathrm{N}} = 0$ folgt völlig analog zur nichtrelativistischen Mechanik die Energie- und Impulserhaltung für die relativistischen Größen $\boldsymbol{p}$ und E. Für $v = 0$ ergibt sich $E = E_0 = m_0 c^2$; man erhält also eine „Ruhenergie"! Entwickelt man für $v \ll c$ die Energie $E = mc^2$, so lauten die ersten drei Glieder

$$\frac{m_0 c^2}{\sqrt{1 - \beta^2}} = m_0 c^2 + \frac{1}{2}\,m_0 v^2 + \frac{3}{8}\,m_0 v^2 \left(\frac{v}{c}\right)^2 + \cdots \tag{6.14}$$

Der erste Summand ist die Ruhenergie, sie ist als Lorentz-Skalar eine bei der ganzen Bewegung nicht veränderliche Größe und hat zunächst für die Kinematik eines Massenpunktes keine Bedeutung. Der zweite Summand ist einfach die gewöhnliche kinetische Energie der klassischen Mechanik, und der dritte Summand ist das zu $(v/c)^2$ proportionale relativistische Korrekturglied. Beschränkt man sich also auf kleine Geschwindigkeiten $v \ll c$, so ist in der Tat die relativistische Energie E bis auf eine additive Konstante gleich der kinetischen Energie im alten Sinne.

Der Energie-Impuls-Vektor

Analog zum Impuls eines Teilchens in der Newtonschen Mechanik

$$\boldsymbol{p}^{\mathrm{N}} = m_0\,\boldsymbol{v}$$

definieren wir den Vierer-Impuls, indem wir mit der Lorentz-skalaren Ruhmasse m_0 die Vierer-Geschwindigkeit $\{u^\mu\}$ multiplizieren:

$$\{p^\mu\} \equiv m_0\,\{u^\mu\} \quad . \tag{6.15}$$

Mit $\{u^\mu\}$ ist auch $\{p^\mu\}$ ein Vierer-Vektor. Aus (6.8) folgt sofort, daß die zeitliche Ableitung des Vierer-Impulses nach der Eigenzeit die Minkowski-Kraft ist

$$\frac{d}{d\tau}\,p^\mu = m_0\,\frac{d}{d\tau}\,u^\mu = m_0\,b^\mu = K^\mu \quad . \tag{6.16}$$

Dies ist die kanonische Form der relativistischen Bewegungsgleichung in vierdimensionaler Schreibweise. Die Änderung des Vierer-Impulses in der Eigenzeit ist gleich der Minkowski-Kraft. Die Komponenten des Vierer-Impulses lauten

$$
\begin{aligned}
(p^1,p^2,p^3) &= \frac{m_0\boldsymbol{v}}{\sqrt{1-\beta^2}} = \boldsymbol{p} \\[2mm]
p^0 &= m_0 u^0 = \frac{m_0 c}{\sqrt{1-\beta^2}} = \frac{1}{c}\,E \quad .
\end{aligned}
\tag{6.17}
$$

Die drei Raumkomponenten sind der dreidimensionale relativistische Impuls, und die nullte Komponente enthält die relativistische Energie, daher der Name „Energie-Impuls-Vektor". Bemerkenswert ist, daß sich bei Lorentz-Transformationen der relativistische Impuls $\boldsymbol{p}$ und die relativistische Energie E nicht einzeln, sondern gemeinsam als die Komponenten eines Vierer-Vektors transformieren.

Zwischen der Energie E und der Geschwindigkeit $\boldsymbol{v}$ läßt sich folgender Zusammenhang herstellen:

$$\boldsymbol{p} = m\,\boldsymbol{v} = \boldsymbol{v}\,\frac{m\,c^2}{c^2} = \frac{\boldsymbol{v}}{c^2}\,E$$

und nach $\boldsymbol{v}$ aufgelöst

$$\boldsymbol{v} = \frac{c^2}{E}\,\boldsymbol{p} \quad . \tag{6.18}$$

Das Lorentz-invariante Betragsquadrat des Energie-Impuls-Vektors berechnet sich zu

$$\eta_{\mu\nu}\, p^{\mu}\, p^{\nu} \;=\; \frac{E^2}{c^2} \;-\; \boldsymbol{p}^2 \;=\; \eta_{\mu\nu}\, m_0 u^{\mu}\, m_0 u^{\nu}$$
$$= \; m_0^2 \eta_{\mu\nu} u^{\mu} u^{\nu} \;=\; m_0^2 c^2 \quad . \tag{6.19}$$

Diese Gleichung beschreibt den Zusammenhang zwischen relativistischer Energie und relativistischem Impuls

$$p^2 c^2 \;=\; E^2 - m_0^2 c^4 \quad \text{bzw.} \quad E \;=\; c\,\sqrt{p^2 + m_0^2 c^2} \quad , \tag{6.20}$$

wie er in Bild 6.1 graphisch dargestellt ist.

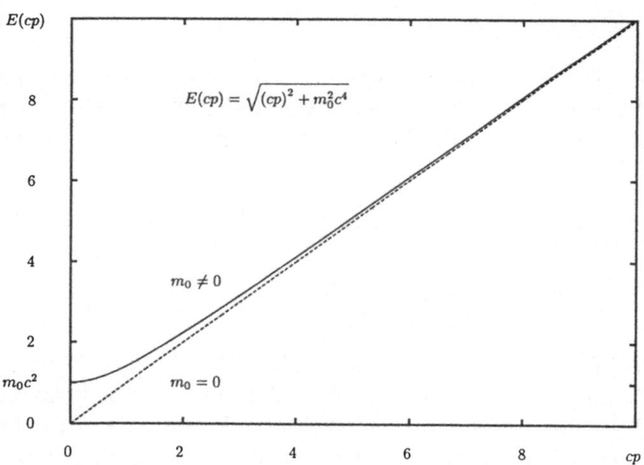

Bild 6.1 Der Zusammenhang zwischen dem Betrag des relativistischen Impulses und der relativistischen Energie für die Ruhmassen $m_0 = 0$ und $m_0 \neq 0$

Wir wollen diese Beziehung noch etwas diskutieren:
Für Teilchen ohne Ruhmasse ($m_0 = 0$), wie z.B. Lichtquanten, erhält man einen linearen Zusammenhang zwischen Impuls und Energie

$$E = cp \quad .$$

Für Teilchen mit Ruhmasse und kleinen Geschwindigkeiten $v \ll c$, also $p \ll m_0 c$, kann man die Wurzel in (6.20) entwickeln und erhält

$$E = m_0 c^2 \sqrt{1 + \frac{p^2}{m_0^2 c^2}} \approx m_0 c^2 \left(1 + \frac{1}{2}\frac{p^2}{m_0^2 c^2}\right) = m_0 c^2 + \frac{p^2}{2m_0} \quad .$$

Für $v \approx c$ ist

$$p^2 = \frac{m_0^2 c^2}{1 - \beta^2}\beta^2 \approx \frac{m_0^2 c^2}{1 - \beta^2} \gg m_0^2 c^2 \quad \text{und damit} \quad E \approx c\,p \quad,$$

d.h., bei sehr hohen relativistischen Energien spielt die Ruhmasse praktisch keine Rolle mehr.

6.2 Massenveränderlichkeit und Trägheit der Energie

Massenveränderlichkeit

Wir wollen jetzt einige Konsequenzen der vierdimensionalen Erweiterung diskutieren. Ein wichtiges Ergebnis der relativistischen Mechanik besteht in dem Anwachsen der trägen Masse mit der Geschwindigkeit. Bei Verwendung der geschwindigkeitsabhängigen relativistischen Masse m

$$m = \frac{m_0}{\sqrt{1 - \beta^2}} \quad,$$

wie wir sie in (6.12) eingeführt haben, schreibt sich der in die relativistische Bewegungsgleichung eingehende Impuls in der gewohnten Form $\boldsymbol{p} = m\,\boldsymbol{v}$, wodurch die Bedeutung von m als träge Masse eindeutig festgelegt ist. Für kleine Geschwindigkeiten $\beta \to 0$ geht sie gegen die Ruhmasse m_0 und wird unendlich für $\beta \to 1$ (Bild 6.2).

Die Massenzunahme mit der Geschwindigkeit ist experimentell bis zu einer Größe von $m/m_0 \approx 10^5$ nachgewiesen. Dies ist natürlich gleichzeitig eine sehr genaue experimentelle Bestätigung der relativistischen Mechanik.

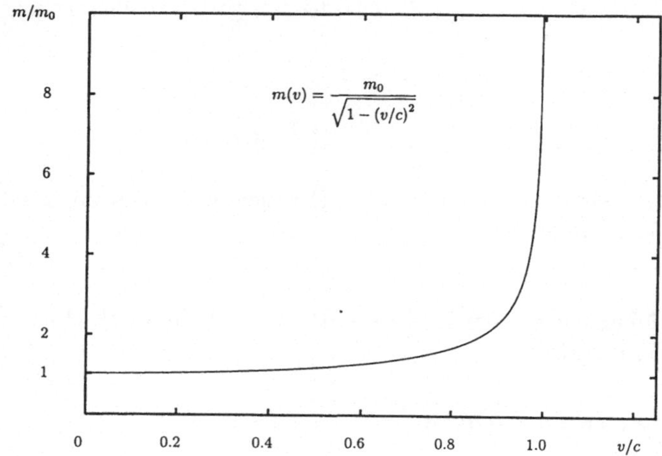

Bild 6.2 Die Abhängigkeit der relativistischen Masse von der Geschwindigkeit

Zusammenhang von Energie und Masse

Wir wollen jetzt zeigen, daß jeder Energie auch eine Masse zuzuordnen ist. Dazu betrachten wir ein System S, das im Koordinatensystem K' ruht. K' selbst bewege sich (wie immer) mit konstanter Geschwindigkeit v in x-Richtung relativ zum Koordinatensystem K. Da das System S in K' ruht, gilt für den Energie-Impuls-Vektor in K':

$$\left(\frac{1}{c}E',\, 0,\, 0,\, 0\right)' = \left(\frac{1}{c}E_0,\, 0,\, 0,\, 0\right)' \ . \tag{6.21}$$

In K schreibt sich der Energie-Impuls-Vektor unter Verwendung von (6.18)

$$\left(\frac{1}{c}E,\, p,\, 0,\, 0\right) = \left(\frac{1}{c}E,\, \frac{v}{c^2}E,\, 0,\, 0\right) \ . \tag{6.22}$$

Die beiden Vierer-Vektoren (6.21) und (6.22) sind durch eine Lorentz-Transformation miteinander verknüpft. Wir können beispielsweise den Energie-Impuls-Vektor (6.21) in K' mit $-v$ in das System K transformieren. Das ergibt

$$\left(\frac{1}{c} \frac{E_0}{\sqrt{1-\beta^2}} , \ \frac{v}{\sqrt{1-\beta^2}} \frac{E_0}{c^2} , \ 0 , \ 0 \right) \quad . \tag{6.23}$$

Die beiden Vektoren (6.22) und (6.23) müssen gleich sein. Daraus erhält man

$$E = \frac{E_0}{\sqrt{1-\beta^2}} \quad \text{und} \quad p = \frac{v}{\sqrt{1-\beta^2}} \frac{E_0}{c^2} \quad . \tag{6.24}$$

Nun ist aber

$$p = m v = \frac{m_0 v}{\sqrt{1-\beta^2}} \quad ,$$

woraus folgt, daß das System eine Ruhmasse $m_0 = E_0/c^2$ bzw. eine Masse

$$m = \frac{m_0}{\sqrt{1-\beta^2}} = \frac{1}{c^2} \frac{E_0}{\sqrt{1-\beta^2}} = \frac{E}{c^2} \tag{6.25}$$

besitzt. Dieses Ergebnis ist eine zwingende Folge aus dem Transformationsverhalten des Energie-Impuls-Vektors. Wenn also das System S in K' eine Energie E_0 hat, dann verhält es sich genauso wie ein System mit der trägen Masse m_0.

Dieses Ergebnis soll noch mit einer weiteren Überlegung vertieft werden. Dazu betrachten wir einen in K' ruhenden Körper der Ruhmasse m_0^{vor}, der in einer bestimmten Zeit die Energie E'^{Str} in Form von elektromagnetischer Strahlung (Licht- oder Wärmestrahlung) aussendet. Die Ausstrahlung soll symmetrisch zum ausstrahlenden Körper erfolgen, so daß der Gesamtimpuls der abgestrahlten Energie in K' gleich Null ist. Dann bleibt der Körper während des Abstrahlungsvorgangs in Ruhe. Der Energie-Impuls-Vektor der Strahlung in K' ist

$$\left(\frac{1}{c} E'^{\text{Str}} , \ 0 , \ 0 , \ 0 \right)' \quad . \tag{6.26}$$

Betrachten wir diesen Vorgang von einem Koordinatensystem K aus, gegenüber dem sich der Körper mit der Geschwindigkeit v bewegt:

Vor der Abstrahlung ist der Gesamtimpuls gleich dem Impuls des Körpers $p^{\text{vor}} = m_0^{\text{vor}} v/\sqrt{1-\beta^2}$. Nach der Abstrahlung hat der Körper den Impuls $p^{\text{nach}} = m_0^{\text{nach}} v/\sqrt{1-\beta^2}$, und der Impuls der Strahlung berechnet sich mit der Lorentz-Transformation (mit $-v$ von K' nach K) aus (6.26) zu

$$\frac{v}{\sqrt{1-\beta^2}}\,\frac{E'^{\,\mathrm{Str}}}{c^2}\;. \tag{6.27}$$

Während der Aussendung der Strahlung hat also der Körper diesen Impuls abgegeben, ohne dabei seine Geschwindigkeit zu ändern. Das ist nur dadurch möglich, daß der Körper seine Ruhmasse geändert hat. Dies können wir aus dem Impulssatz sofort berechnen

$$\frac{m_0^{\mathrm{vor}}v}{\sqrt{1-\beta^2}} = \frac{m_0^{\mathrm{nach}}v}{\sqrt{1-\beta^2}} + \frac{v}{\sqrt{1-\beta^2}}\,\frac{E'^{\,\mathrm{Str}}}{c^2}\;, \tag{6.28}$$

woraus folgt

$$m_0^{\mathrm{nach}} = m_0^{\mathrm{vor}} - \frac{E'^{\,\mathrm{Str}}}{c^2}\;. \tag{6.29}$$

Das heißt, man muß der Strahlung die Masse $E'^{\,\mathrm{Str}}/c^2$ zuordnen, denn die Masse des Körpers hat um das $1/c^2$-fache der von ihm emittierten Energie abgenommen.

Die beiden Überlegungen beweisen, daß man jeder Energie E die träge Masse $m = E/c^2$ zuordnen muß. Dies gilt auch für Wärmeenergien, elektrische Energien, chemische Energien usw. So besteht z.B. der Zuwachs der trägen Masse mit der Geschwindigkeit $\Delta m = m - m_0$ aus der trägen Masse der kinetischen Energie

$$E_{\mathrm{kin}} = E - E_0$$
$$m_{\mathrm{kin}} = \frac{E_{\mathrm{kin}}}{c^2} = \frac{mc^2 - m_0 c^2}{c^2} = \Delta m\;. \tag{6.30}$$

Der experimentelle Nachweis für diesen Zusammenhang von Masse und Energie war zur Zeit der Entstehung der speziellen Relativitätstheorie nicht möglich. Die etwa durch einen chemischen Prozeß gewonnene Wärmeenergie ist viel zu gering, um damit einen „Massendefekt" nachzuweisen. Experimentell gut meßbar dagegen ist die Trägheit der Energie bei kernphysikalischen Prozessen. Beispielsweise stimmt bei Zerfallsreaktionen die Summe der Ruhmassen der am Prozeß beteiligten Teilchen vor der Reaktion nicht mit ihrer Summe nach der Reaktion überein. Die Differenz $\Delta m_0 c^2$ ergibt die bei der Reaktion freiwerdende

Energie. Der extreme Fall ist die Zerstrahlung von Materie mit Anti-
materie. Nach der Reaktion ist $E = 2\,m_0\,c^2$.

Zur Veranschaulichung der Größenordnung einer solchen Reaktion
verwandeln wir in einem Materie-Antimaterie-Reaktor eine Masse von
1 kg in Energie:

$$E \;=\; m_0\,c^2 \;=\; 1\,\text{kg} \cdot 9 \cdot 10^{16}\text{m}^2/\text{s}^2 \;=\; 2,5 \cdot 10^{10}\,\text{kWh} \quad .$$

Das ist etwa die Energie, die ein Großkraftwerk (Leistung 1 GW) in 3
Jahren liefert. Bei einem Strompreis von 0,20 DM/kWh kostet dieses
„Kilogramm Energie" etwa 5 Milliarden DM.

6.3 Drehimpuls und Schwerpunkt

Relativistischer Drehimpulstensor

In der klassischen Mechanik ist der Drehimpuls definiert als das Vek-
torprodukt des Ortsvektors mit dem linearen Impuls

$$\boldsymbol{L} \;=\; \boldsymbol{r} \times \boldsymbol{p} \quad .$$

Diese dreikomponentige Größe $\boldsymbol{L}$ verhält sich bezüglich Drehungen wie
ein Vektor, aber bei Spiegelung geht $\boldsymbol{L}$ nicht in $-\boldsymbol{L}$ über, sondern
bleibt gleichgerichtet; der Drehimpuls der klassischen Mechanik ist ein
Pseudovektor, oder besser, ein schiefsymmetrischer Tensor der Gestalt:

$$
(L^{ik}) = \begin{pmatrix}
0 & x^1 p^2 - x^2 p^1 & x^1 p^3 - x^3 p^1 \\
-(x^1 p^2 - x^2 p^1) & 0 & x^2 p^3 - x^3 p^2 \\
-(x^1 p^3 - x^3 p^1) & -(x^2 p^3 - x^3 p^2) & 0
\end{pmatrix}
$$

$$
= \begin{pmatrix}
0 & L_z & -L_y \\
-L_z & 0 & L_x \\
L_y & -L_x & 0
\end{pmatrix} \quad .
\tag{6.31}
$$

Vollkommen analog erhält man in der relativistischen Mechanik als
vierdimensionale Erweiterung für den Drehimpuls einen schiefsymmetrischen Vierer-Tensor, der aus dem Vierer-Ortsvektor $\{x^\mu\}$ und dem
Vierer-Impuls $\{p^\mu\}$ genauso gebildet wird wie der nichtrelativistische
Drehimpuls aus $\boldsymbol{r}$ und $\boldsymbol{p}$:

$$\{L^{\mu\nu}\} = \{x^\mu p^\nu - x^\nu p^\mu\} \tag{6.32}$$

$$= \begin{pmatrix} 0 & x^0 p^1 - x^1 p^0 & x^0 p^2 - x^2 p^0 & x^0 p^3 - x^3 p^0 \\ x^1 p^0 - x^0 p^1 & 0 & x^1 p^2 - x^2 p^1 & x^1 p^3 - x^3 p^1 \\ x^2 p^0 - x^0 p^2 & x^2 p^1 - x^1 p^2 & 0 & x^2 p^3 - x^3 p^2 \\ x^3 p^0 - x^0 p^3 & x^3 p^1 - x^1 p^3 & x^3 p^2 - x^2 p^3 & 0 \end{pmatrix} \; .$$

Da es sich um einen schiefsymmetrischen Tensor handelt, besteht die Hauptdiagonale aus Nullen. Insgesamt enthält dieser Tensor sechs unabhängige Größen:

Die drei Raum-Raum-Komponenten bilden, als Dreier-Vektor geschrieben, den relativistischen Drehimpuls

$$\begin{pmatrix} x^2 p^3 - x^3 p^2 \\ x^3 p^1 - x^1 p^3 \\ x^1 p^2 - x^2 p^1 \end{pmatrix} = \boldsymbol{r} \times \boldsymbol{p} = \boldsymbol{L} \; , \tag{6.33a}$$

wobei $\boldsymbol{p}$ der relativistische Impuls ist.

Die drei Raum-Zeit-Komponenten schreiben sich, als Dreier-Vektor aufgefaßt, in der Form

$$\begin{pmatrix} x^1 p^0 - x^0 p^1 \\ x^2 p^0 - x^0 p^2 \\ x^3 p^0 - x^0 p^3 \end{pmatrix} = \boldsymbol{r}\, p^0 - x^0 \boldsymbol{p}$$

$$= c \left(\boldsymbol{r}\, \frac{E}{c^2} - t\, \boldsymbol{p} \right) = c\, (m\, \boldsymbol{r} - t\, \boldsymbol{p}) \; . \tag{6.33b}$$

Auf die Bedeutung dieser Größe werden wir in den nächsten Abschnitten eingehen.

Relativistischer Drehmomenttensor

Wieder analog zur klassischen Mechanik, nur vierdimensional erweitert, betrachten wir die zeitliche Änderung des Drehimpulstensors $\{L^{\mu\nu}\}$, natürlich bezüglich der Eigenzeit $d\tau$, um den Tensorcharakter zu bewahren. Es wird

$$\frac{dL^{\mu\nu}}{d\tau} = \frac{d}{d\tau}\left(x^\mu p^\nu - x^\nu p^\mu\right)$$

$$= u^\mu (m_0 u^\nu) + x^\mu \frac{d}{d\tau} p^\nu - u^\nu (m_0 u^\mu) - x^\nu \frac{d}{d\tau} p^\mu$$

$$= x^\mu K^\nu - x^\nu K^\mu \equiv M^{\mu\nu} \; , \tag{6.34}$$

wobei $dp^\mu/d\tau = K^\mu$ die Minkowski-Kraft ist. Der Tensor $\{M^{\mu\nu}\}$ heißt Drehmomenttensor; er ist die vierdimensionale Erweiterung des klassischen Drehmoments und enthält wiederum sechs unabhängige Größen. Die Vierer-Tensorgleichung (6.34) können wir in der Form von zwei Vektorgleichungen schreiben.

Für die Raum-Raum-Komponenten ergibt sich

$$\frac{d}{d\tau}\boldsymbol{L} = \frac{1}{\sqrt{1-\beta^2}}\frac{d}{dt}(\boldsymbol{r}\times\boldsymbol{p}) = \frac{1}{\sqrt{1-\beta^2}}\left(\boldsymbol{r}\times\boldsymbol{K}^{\mathrm{N}}\right) = \frac{1}{\sqrt{1-\beta^2}}\boldsymbol{M}^{\mathrm{N}}$$

$$\frac{d}{dt}\boldsymbol{L} = \left(\boldsymbol{r}\times\boldsymbol{K}^{\mathrm{N}}\right) = \boldsymbol{M}^{\mathrm{N}}, \tag{6.35a}$$

wobei $\boldsymbol{p}$ der relativistische Impuls und $\boldsymbol{L}$ der relativistische Drehimpuls ist, und für die Raum-Zeit-Komponenten

$$\frac{1}{\sqrt{1-\beta^2}}\frac{d}{dt}\left[c\left(m\boldsymbol{r} - t\boldsymbol{p}\right)\right] = \boldsymbol{r}\,K^0 - x^0\,\frac{\boldsymbol{K}^{\mathrm{N}}}{\sqrt{1-\beta^2}}$$

$$= \frac{c}{\sqrt{1-\beta^2}}\left(\boldsymbol{r}\,\frac{\boldsymbol{K}^{\mathrm{N}}\cdot\boldsymbol{v}}{c^2} - t\,\boldsymbol{K}^{\mathrm{N}}\right) \; ,$$

$$\frac{d}{dt}\left(m\boldsymbol{r} - t\boldsymbol{p}\right) = \boldsymbol{r}\,\frac{\boldsymbol{K}^{\mathrm{N}}\cdot\boldsymbol{v}}{c^2} - t\,\boldsymbol{K}^{\mathrm{N}} \; , \tag{6.35b}$$

der relativistische Schwerpunktsatz.

Erhaltungssätze

Wir haben bisher die Bewegungsgleichungen nur für einen Massenpunkt formuliert. Betrachten wir nun ein aus n Massenpunkten (Massen m_i, Ortsvektoren $\boldsymbol{r}_i$) bestehendes System. Wir setzen noch voraus, daß zwischen den einzelnen Massen keine retardierten Wechselwirkungen vorhanden sind. Das heißt, daß entweder überhaupt keine inneren Kräfte zwischen den Massen wirken oder daß die Massen nur über elastische Stöße wechselwirken, so daß beim Stoß zweier punktförmiger Teilchen $\boldsymbol{r}_i = \boldsymbol{r}_j$ und wegen des Energiesatzes $\boldsymbol{v}_i \cdot \boldsymbol{K}^{\mathrm{N}}_{ij} = -\,\boldsymbol{v}_j \cdot \boldsymbol{K}^{\mathrm{N}}_{ji}$ gilt.

Verwendet man noch $\boldsymbol{K}^{\mathrm{N}}_{ij} = -\,\boldsymbol{K}^{\mathrm{N}}_{ji}$ (actio = reactio), dann kann man – wieder völlig analog zur klassischen Mechanik – für den Fall, daß keine äußeren Kräfte wirken, durch Summation der Bewegungsgleichungen für die einzelnen Massen die Erhaltungssätze der relativistischen Mechanik für das Gesamtsystem ableiten. Wesentlich dabei ist, daß durch die geforderten Eigenschaften an die Wechselwirkung die aufsummierten rechten Seiten der Gleichungen verschwinden.

$$\sum_{i=1}^{n} \boldsymbol{p}_i = \text{konst.} \qquad\qquad \text{Impulserhaltungssatz} \qquad (6.36)$$

$$\sum_{i=1}^{n} E_i = \text{konst.} \qquad\qquad \text{Energieerhaltungssatz} \qquad (6.37)$$

$$\sum_{i=1}^{n} \boldsymbol{L}_i = \text{konst.} \qquad\qquad \text{Drehimpulserhaltungssatz} \qquad (6.38)$$

$$\sum_{i=1}^{n} (m_i \boldsymbol{r}_i - t\boldsymbol{p}_i) = \text{konst.} \qquad \text{relativist. Schwerpunktsatz} \qquad (6.39)$$

Die ersten drei Erhaltungssätze sind aus der klassischen Mechanik wohlbekannt. Ungewohnt ist der Schwerpunktsatz, da er in der klassischen Mechanik als unabhängiger Erhaltungssatz nicht auftaucht. Wir wollen diesen Punkt noch etwas genauer diskutieren. Dazu multiplizieren wir Gleichung (6.39) mit c^2 und erhalten

$$\sum_{i=1}^{n} (m_i c^2 \boldsymbol{r}_i - c^2 t \boldsymbol{p}_i) = \sum_{i=1}^{n} E_i \boldsymbol{r}_i - tc^2 \sum_i \boldsymbol{p}_i = \text{konst.} \quad . \; (6.40)$$

Falls $\sum_i E_i = \text{konst.}$ und $\sum_i \boldsymbol{p}_i = \text{konst.}$ sind, dann ist

$$\frac{\sum_i E_i \boldsymbol{r}_i}{\sum_i E_i} = t\, \frac{c^2 \sum_i \boldsymbol{p}_i}{\sum_i E_i} + \text{konst.} = t\,\boldsymbol{V} + \text{konst.} \quad , \qquad (6.41)$$

d.h., der relativistische Schwerpunkt $\boldsymbol{R} = \sum_i E_i \boldsymbol{r}_i / \sum_i E_i$ bewegt sich mit der konstanten Geschwindigkeit $\boldsymbol{V} = c^2 \sum_i \boldsymbol{p}_i / \sum_i E_i$. Die Unabhängigkeit des relativistischen Schwerpunktsatzes vom relativistischen Energie- und Impulssatz sieht man daran, daß Gleichung (6.39) auch dann gilt, wenn $\sum_i E_i \neq \text{konst.}$ und $\sum_i \boldsymbol{p}_i \neq \text{konst.}$ sind, denn

$$\frac{d}{dt}\left(\frac{1}{c^2} \sum_i E_i \boldsymbol{r}_i - t \sum_i \boldsymbol{p}_i \right)$$

$$= \frac{1}{c^2} \sum_i \frac{dE_i}{dt} \boldsymbol{r}_i + \frac{1}{c^2} \sum_i E_i \frac{d\boldsymbol{r}_i}{dt} - \sum_i \boldsymbol{p}_i - t \sum_i \frac{d\boldsymbol{p}_i}{dt}$$

$$= \frac{1}{c^2} \sum_i \frac{dE_i}{dt} \boldsymbol{r}_i - t \sum_i \frac{d\boldsymbol{p}_i}{dt} \qquad\qquad\qquad (6.42)$$

kann auch Null sein, wenn $\frac{d}{dt}\sum_i E_i \neq 0$ und $\frac{d}{dt}\sum_i \boldsymbol{p}_i \neq 0$ sind. Dies ist nicht so im Grenzfall der klassischen Mechanik. Für $v_i \ll c$ geht E_i in $m_{0i}c^2$ und $\boldsymbol{p}_i$ in $m_{0i}\boldsymbol{v}_i$ über, und aus Gleichung (6.42) folgt

$$\frac{d}{dt}\left(\frac{1}{c^2}\sum_i m_{0i}c^2\boldsymbol{r}_i - t\sum_i m_{0i}\boldsymbol{v}_i\right)$$

$$= \sum_i m_{0i}\frac{d\boldsymbol{r}_i}{dt} - \sum_i m_{0i}\boldsymbol{v}_i - t\sum_i m_{0i}\frac{d\boldsymbol{v}_i}{dt}$$

$$= -t\sum_i m_{0i}\frac{d\boldsymbol{v}_i}{dt} = -t\sum_i \frac{d\boldsymbol{p}_i}{dt} = -t\frac{d}{dt}\sum_i \boldsymbol{p}_i \quad . \tag{6.43}$$

Das heißt, der Schwerpunktsatz ist genau dann erfüllt, wenn $\frac{d}{dt}\sum_i \boldsymbol{p}_i = 0$, also $\sum_i \boldsymbol{p}_i = $ konst. ist. In der klassischen Mechanik sind damit Schwerpunkt- und Impulssatz vollständig äquivalent.

In Abschnitt 4.4 haben wir gezeigt, daß die allgemeine inhomogene Lorentz-Gruppe zehn Parameter besitzt. Genauso wie aus den sieben Parametern der Galilei-Transformation die Erhaltungssätze für Impuls (3), Energie (1) und Drehimpuls (3) in der nichtrelativistischen Mechanik folgen, sind die zehn Parameter der allgemeinen Lorentz-Gruppe mit den zehn Erhaltungsgrößen Impuls-Energie (4) und Drehimpuls-Schwerpunkt (6) in der relativistischen Mechanik verknüpft.

6.4 Beispiele

In den oben hergeleiteten Vierer-Vektor- und Tensorgleichungen steckt die gesamte Information für die relativistische Mechanik. Man muß für konkrete Probleme (und auch in der Prüfung) diese Grundlagen lediglich richtig anwenden. Wir wollen dies an drei Beispielen demonstrieren.

Der relativistische elastische Stoß zweier gleicher Massen

Man kann sich dieses Problem realisiert vorstellen als den Zusammenstoß zweier gleicher Teilchen, also etwa von zwei Protonen oder von zwei Elektronen. Aus der Newtonschen Mechanik ist bekannt, daß beim elastischen Stoß eines Teilchens auf ein ruhendes Teilchen gleicher Masse der Winkel zwischen den Bahnen der davonfliegenden Teilchen genau

90° ist. Wir werden sehen, daß dieses Ergebnis der klassischen Mechanik relativistisch wegen der Zunahme der trägen Masse mit der Geschwindigkeit nicht mehr gilt. Die Bahnen werden nach vorne geklappt, so daß der Winkel zwischen ihnen kleiner als 90° wird.

Im Laborsystem soll das eine Teilchen (Masse m_0) ruhen (Ruhenergie $E_0 = m_0 c^2$, Impuls Null); das einfallende Teilchen hat die Gesamtenergie E und den Impuls $\boldsymbol{p}$. Nach dem Stoß besitzen die Teilchen die Energien E_1 und E_2, und die Richtungen der beiden Impulse $\boldsymbol{p}_1$ und $\boldsymbol{p}_2$ schließen den Winkel ϑ ein (Bild 6.3).

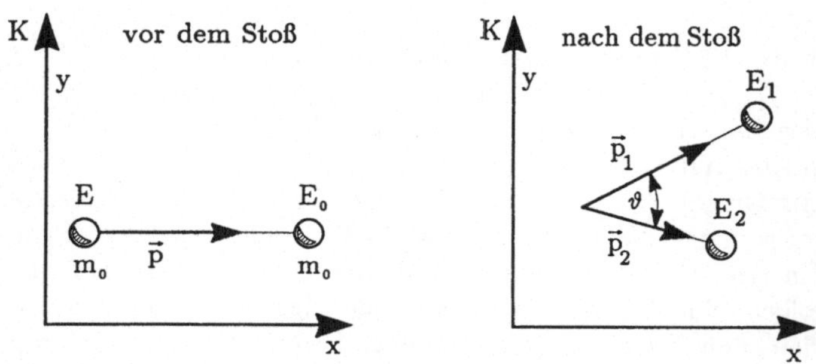

Bild 6.3 Der relativistische Stoß zweier gleicher Massen

Wir wollen ϑ in Abhängigkeit von E und E_1 berechnen. Energiesatz:

$$E + E_0 = E_1 + E_2 \quad , \tag{6.44}$$

Impulssatz:

$$\boldsymbol{p} + \boldsymbol{0} = \boldsymbol{p}_1 + \boldsymbol{p}_2 \quad . \tag{6.45}$$

Wir verwenden den Zusammenhang (6.20) zwischen dem relativistischen Impuls und der relativistischen Energie

$$E^2 = c^2 \left(p^2 + m_0^2 c^2 \right)$$

oder, nach p aufgelöst,

$$p = \frac{1}{c} \sqrt{E^2 - E_0^2} \quad . \tag{6.46}$$

Aus dem Impulssatz folgt

$$p^2 = p_1^2 + p_2^2 + 2 p_1 p_2 \cos\vartheta \quad . \tag{6.47}$$

Wir addieren auf beiden Seiten $2\, m_0^2 c^2$

$$p^2 + m_0^2 c^2 + m_0^2 c^2 = p_1^2 + m_0^2 c^2 + p_2^2 + m_0^2 c^2 + 2 p_1 p_2 \cos\vartheta \quad ,$$

und erhalten unter Verwendung von Gleichung (6.20)

$$\frac{E^2}{c^2} + \frac{E_0^2}{c^2} = \frac{E_1^2}{c^2} + \frac{E_2^2}{c^2} + 2 p_1 p_2 \cos\vartheta \; .$$

und daraus

$$\cos\vartheta = \frac{E^2 + E_0^2 - E_1^2 - E_2^2}{2\, p_1 p_2\, c^2} \quad . \tag{6.48}$$

Weiter eliminieren wir E_2 und p_2 mit Hilfe des Energiesatzes (6.44) und des Energie-Impuls-Zusammenhangs (6.20):

$$E_2 = E + E_0 - E_1$$

$$p_2 = \frac{1}{c}\sqrt{E_2^2 - E_0^2} = \frac{1}{c}\sqrt{(E - E_1)(E - E_1 - 2 E_0)}$$

$$E^2 + E_0^2 - E_1^2 - E_2^2 = 2\,(E - E_1)(E_1 - E_0) \quad .$$

Damit können wir, was ja unser Ziel war, $\cos\vartheta$ allein als Funktion von E und E_1 schreiben. Nach ein paar elementaren Umformungen ergibt sich:

$$\cos\vartheta = \frac{1}{\sqrt{\left(1 + \dfrac{2E_0}{E_1 - E_0}\right)\left(1 + \dfrac{2E_0}{E - E_1}\right)}} \quad . \tag{6.49}$$

An diesem Ergebnis erkennt man, daß wegen $E_1 \geq E_0$ und $E \geq E_1$, was aus dem Energiesatz (6.44) folgt, immer gilt

$$\cos\vartheta < 1 \quad \Longrightarrow \quad \vartheta_{\min} < \vartheta \leq 90° \quad . \tag{6.50}$$

Der klassische Grenzfall ergibt sich (wie gewohnt) für $v \ll c$; dann wird nämlich $2E_0/(E_1 - E_0)$ und $2E_0/(E - E_1) \gg 1$ und somit $\cos\vartheta \to 0$ und $\vartheta \to 90°$.

Für relativistische Geschwindigkeiten $v \approx c$ wird $E \gg E_0$, und damit geht $\cos\vartheta_{\min} \to 1$ und $\vartheta_{\min} \to 0°$. Kleine Streuwinkel bedeuten eine Vorwärtsbündelung der beiden Teilchen in Richtung des einfallenden Impulses. Dieses allein aus den relativistischen Erhaltungssätzen folgende Streuverhalten spielt in der Hochenergiephysik und in der Astrophysik eine wichtige Rolle.

Der Zusammenhang der Impulse der beiden Massen vor und nach dem Stoß $p = p_1 + p_2$ und der Streuwinkel ϑ lassen sich am übersichtlichsten in einem Diagramm darstellen (Bild 6.4).

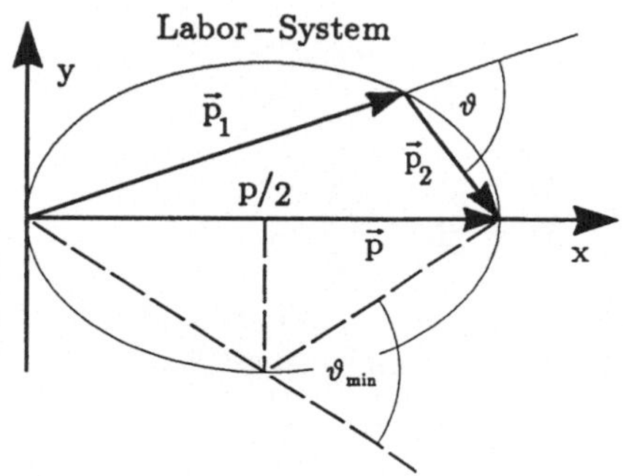

Bild 6.4 Streudiagramm für den relativistischen Stoß zweier gleicher Massen

Die Spitzen der beiden Vektoren p_1 und p_2 liegen auf einer Ellipse mit

$$\text{der großen Halbachse} = \frac{p}{2} \quad \text{und} \tag{6.51a}$$

$$\text{der kleinen Halbachse} = \frac{p}{\sqrt{2\left(1 + \frac{E}{E_0}\right)}} < \frac{p}{2} \text{ für } E > E_0. \tag{6.51b}$$

Im Grenzfall der klassischen Mechanik $v \to c$ ist $E \approx E_0$, und die Ellipse wird zum Kreis (Thaleskreis), wie es sein muß, da in der klassischen Mechanik der Stoßwinkel beim elastischen Stoß zweier gleicher Massen stets 90° ist. Für Geschwindigkeiten ($v \to c$) dagegen flacht die Ellipse immer mehr ab, die Teilchen werden bevorzugt nach vorne gestreut, und kleine Streuwinkel ϑ werden immer häufiger. Aus dem Diagramm in Bild 6.4 ist ersichtlich, daß man für $p_1 = p_2$ den kleinsten Streuwinkel ϑ_{min} mit

$$\tan \frac{\vartheta_{min}}{2} = \sqrt{\frac{2}{\left(1 + \frac{E}{E_0}\right)}} \tag{6.52}$$

erhält.

Die Raketenbewegung

Wir wollen die Raketenbewegung zunächst für den nichtrelativistischen und dann für den relativistischen Fall herleiten. Dabei nehmen wir jeweils an, daß auf die Rakete keine äußeren Kräfte wirken (sie befinde sich schon in einem gravitationsfreien Raum) und daß sie durch einen Massenausstoß angetrieben wird. Die Ausstoßgeschwindigkeit v_0 sei im Raketensystem konstant.

Die nichtrelativistische Raketenbewegung

Beim Start habe die Rakete die Masse M_S und die Geschwindigkeit $v_S = 0$ und zu einem bestimmten Zeitpunkt die Masse M und die Geschwindigkeit v relativ zum Labor-(Erd-)System. Von der Rakete wird die Masse dm mit der Geschwindigkeit v_0 relativ zur Rakete nach hinten ausgestoßen (Bild 6.5).

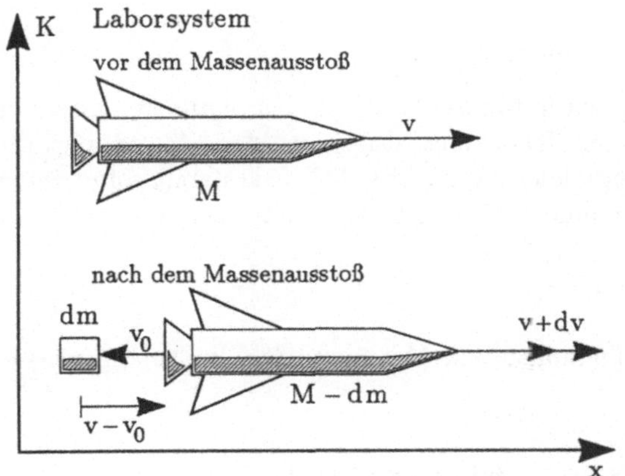

Bild 6.5   Der Ausstoßvorgang im Laborsystem

Für diesen Vorgang lautet der Impulssatz im Laborsystem

$$M\,v = (M - dm)(v + dv) + dm\,(v - v_0)$$
$$= M\,v + M\,dv - dm\,v - dm\,dv + dm\,v - dm\,v_0$$
$$= M\,v + M\,dv - dm\,v_0 \quad ,$$

also

$$M \, dv = v_0 \, dm \quad . \tag{6.53}$$

Einfacher läßt sich der Vorgang im momentanen Ruhsystem der Rakete beschreiben. Der Impulssatz lautet hier:

$$\begin{aligned} 0 &= (M - dm) \, dv_R - dm \, v_0 \\ &= M \, dv_R - dm \, v_0 \quad , \end{aligned} \tag{6.54}$$

wobei dv_R die durch den Ausstoß der Masse dm erzeugte Geschwindigkeit der Rakete relativ zum Ruhsystem vor dem Ausstoß ist. In der klassischen Mechanik gilt nach der Galilei-Transformation

$$\begin{aligned} v + dv &= v + dv_R \quad , \qquad \text{also} \\ dv &= dv_R \quad . \end{aligned} \tag{6.55}$$

Setzt man das Ergebnis von (6.55) in (6.54) ein, so endet man auch mit der Betrachtung im momentanen Ruhsystem der Rakete bei der Gleichung (6.53)

$$M \, dv = dm \, v_0 \, . \tag{6.53}$$

Bezeichnen wir mit m die Masse des bis zu diesem Zeitpunkt insgesamt ausgestoßenen Treibstoffs, also $m = M_S - M$, so folgt $dm = -dM$, die Differentialgleichung (6.53) läßt sich damit sofort integrieren und ergibt die momentane Geschwindigkeit v der Rakete

$$v = v_0 \ln \frac{M_S}{M} \quad , \tag{6.56}$$

wobei M die momentane Masse und M_S die Anfangsmasse der Rakete ist.

Die relativistische Raketenbewegung

Die relativistische Rechnung im Laborsystem ist etwas mühselig und umständlich; wir gehen daher gleich in das momentane Ruhsystem der Rakete (Bild 6.6) und schreiben, analog zu Gleichung (6.54), den relativistischen Impulssatz hin:

$$\begin{aligned} 0 &= (M - dm) \, dv_R - dm' \, v_0 \\ &= \frac{(M_0 - dm_0) \, dv_R}{\sqrt{1 - \left(\frac{dv_R}{c}\right)^2}} - \frac{dm_0' \, v_0}{\sqrt{1 - \left(\frac{v_0}{c}\right)^2}} \quad . \end{aligned} \tag{6.57}$$

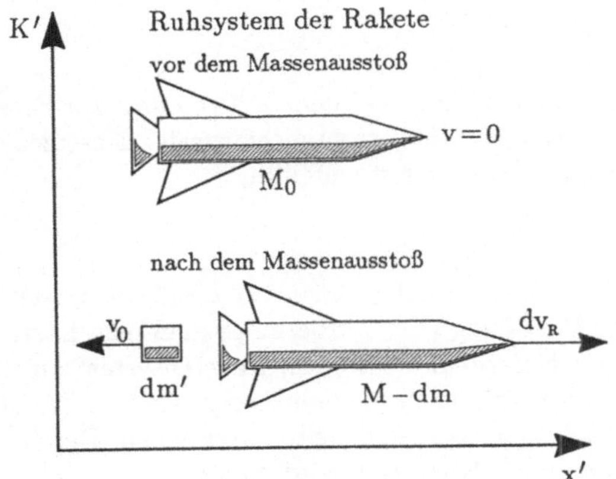

Bild 6.6 Der Ausstoßvorgang im momentanen Ruhsystem der Rakete

Man beachte, daß $dm'_0 \neq dm_0$ ist! Ein Teil der von der Rakete ausgestoßenen Ruhmasse dm_0 wird für die kinetische Energie der davonfliegenden Ruhmasse dm'_0 gebraucht. Betrachtet man wieder im Sinne der Differentialrechnung nur die in den Differentialen linearen Glieder, so folgt aus (6.57)

$$M_0\, dv_R = \frac{dm'_0\, v_0}{\sqrt{1 - \left(\frac{v_0}{c}\right)^2}} \quad . \tag{6.58}$$

Zur Bestimmung von dm'_0 verwenden wir den Energiesatz, der in der relativistischen Mechanik in einem abgeschlossenen System erfüllt ist, da alle Energieformen, also z.B. auch die chemische Energie des Treibstoffes usw., bereits in der Ruhmasse enthalten sind:

$$
\begin{aligned}
M_0 c^2 &= \frac{(M_0 - dm_0)\, c^2}{\sqrt{1 - \left(\frac{dv_R}{c}\right)^2}} + \frac{dm'_0\, c^2}{\sqrt{1 - \left(\frac{v_0}{c}\right)^2}} \\
M_0 c^2 &= M_0 c^2 - dm_0 c^2 + \frac{dm'_0\, c^2}{\sqrt{1 - \left(\frac{v_0}{c}\right)^2}}
\end{aligned}
\tag{6.59}
$$

und daraus

$$dm_0 = \frac{dm_0'}{\sqrt{1 - \left(\frac{v_0}{c}\right)^2}} \quad . \tag{6.60}$$

Es ist natürlich $dm_0 > dm_0'$, da ja ein Teil von dm_0 zur Erzeugung der kinetischen Energie von dm_0' verbraucht wurde. Einsetzen von (6.60) in den Impulssatz (6.58) liefert endgültig

$$M_0\, dv_R = dm_0\, v_0 \quad . \tag{6.61}$$

Gleichung (6.61) sieht formal genauso aus wie die entsprechende nichtrelativistische Beziehung (6.54). Allerdings muß man jetzt, wenn man die Geschwindigkeitszunahme dv_R im Raketensystem auf das Laborsystem umrechnen will, nicht die Galileische, sondern die Einsteinsche Additionsformel für Geschwindigkeiten verwenden. Der Geschwindigkeitszuwachs dv im Laborsystem wird damit

$$v + dv = v \overset{\substack{\textit{Einstein-}\\ \textit{Addition}}}{\oplus} dv_R = \frac{v + dv_R}{1 + \frac{v\, dv_R}{c^2}}$$

$$= (v + dv_R)\left(1 - v\frac{dv_R}{c^2}\right) = v + dv_R\,(1 - \beta^2) \tag{6.62}$$

oder, nach dv_R aufgelöst

$$dv_R = \frac{dv}{1 - \beta^2}, \quad dv < dv_R \quad . \tag{6.63}$$

Einsetzen von (6.63) in (6.61) führt auf die relativistische Gleichung für die Raketenbewegung in differentieller Form, wobei wir wieder – völlig analog zur nichtrelativistischen Überlegung – verwenden, daß $dM_0 = -\,dm_0$ ist

$$\frac{M_0\, dv}{1 - \beta^2} = dm_0\, v_0 \qquad \text{oder} \qquad \frac{dv}{1 - \beta^2} = -v_0\frac{dM_0}{M_0} \quad . \tag{6.64}$$

Diese Gleichung läßt sich wieder sofort integrieren mit dem Ergebnis

$$\frac{c}{2}\ln\frac{1 + \beta}{1 - \beta} = v_0 \ln\frac{M_{S0}}{M_0} \quad . \tag{6.65}$$

Der Zusammenhang mit dem nichtrelativistischen Ergebnis (6.56) ist offensichtlich, da $(1 + \beta)/(1 - \beta) \approx (1 + \beta)^2$ und $\ln(1 + \beta)^2 \approx 2\,\beta$ für $\beta \ll 1$ wird, und damit (6.65) in

$$v = v_0 \ln \frac{M_S}{M}$$

übergeht.

Die Gleichung (6.65) liefert, nach v aufgelöst, die gesuchte relativistische Beziehung zwischen der momentanen Geschwindigkeit v und der momentan noch vorhandenen Ruhmasse M_0 der Rakete:

$$v = c\,\frac{1 - \left(\frac{M_0}{M_{S0}}\right)^{2v_0/c}}{1 + \left(\frac{M_0}{M_{S0}}\right)^{2v_0/c}} \quad . \tag{6.66}$$

Für den physikalisch günstigsten Fall der Photonenrakete, also Ausstoßgeschwindigkeit v_0 relativ zur Rakete gleich c, wird

$$v = c\,\frac{1 - \left(\frac{M_0}{M_{S0}}\right)^{2}}{1 + \left(\frac{M_0}{M_{S0}}\right)^{2}} \quad . \tag{6.67}$$

Im Bild 6.7 ist für verschiedene Ausströmgeschwindigkeiten v_0 der relativistische und der nichtrelativistische Verlauf von v als Funktion der noch vorhandenen Masse, bezogen auf die Anfangsmasse, dargestellt.

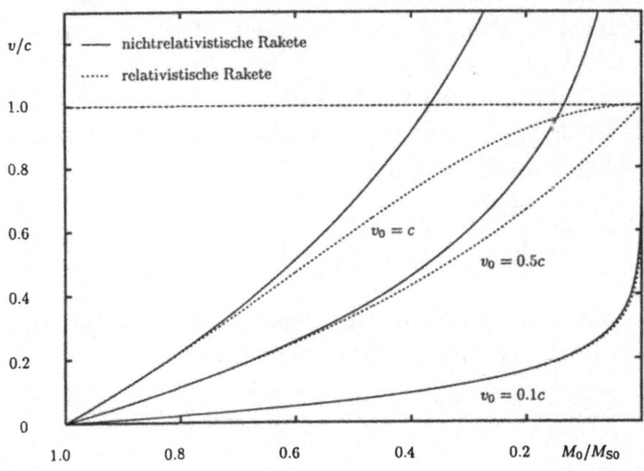

Bild 6.7 Relativistischer und nichtrelativistischer Verlauf der Geschwindigkeit v einer Rakete für verschiedene Ausströmgeschwindigkeiten v_0 als Funktion der noch vorhandenen Ruhmasse M_0, bezogen auf die Ruhmasse M_{S0} beim Start.

Das Beschleunigen von größeren Massen mit chemischen Raketen auf relativistische Geschwindigkeiten $v \approx c$ ist wegen der kleinen – im Vergleich mit c – Ausströmgeschwindigkeiten $v_0 \approx 4 - 5\,\mathrm{km/s}$ nicht realisierbar. Nehmen wir beispielsweise an, daß eine SaturnV-Rakete mit einem Startgewicht von 3 000 t aus 2 999 t Treibstoff und 1 t Nutzlast bestände, so wäre bei Brennschluß der Raketentriebwerke $M_{S0}/M_0 = 3\,000$ und die erreichte Endgeschwindigkeit

$$v = v_0 \ln 3\,000 \approx 32\,\mathrm{km/s} \approx 10^{-4}\,c \quad .$$

Selbst mit einer Photonenrakete, die ja sicherlich eine aufwendige und damit auch massereiche Technologie erfordern wird, erreicht man z.B. für $M_{S0}/M_0 = 2$ bei Brennschluß nur eine Endgeschwindigkeit von $v = 0,6\,c$.

Raumflug mit konstanter Beschleunigung im Ruhsystem

Eine recht angenehme Reisebeschleunigung für einen Astronauten während eines interstellaren Fluges wäre eine konstante Beschleunigung von $1g$ ($g = $ Erdbeschleunigung) im Raketensystem; er würde sich während des Fluges – zumindest was die Schwerkraft betrifft – immer „wie zu Hause auf der Mutter Erde" fühlen. Um dies zu realisieren, muß er lediglich während des Fluges den Massenausstoß so steuern, daß die Beschleunigung der Rakete relativ zu dem System, in dem sie momentan in Ruhe ist, immer gleich $1g$ ist. Wir wollen die Geschwindigkeit und den zurückgelegten Weg relativ zum Labor-(Erd-)System als Funktion der Laborzeit t und der Eigenzeit τ berechnen. Zur Zeit $t_0 = 0$ sei die Anfangsgeschwindigkeit der Rakete $v = 0$, und die Beschleunigung wirke in x-Richtung. Im Eigensystem der Rakete ($v' = 0$) hat dann die Vierer-Beschleunigung die Form

$$\{b^{0'}, b^{1'}, b^{2'}, b^{3'}\}' = \left\{0, \frac{K_x^{N'}}{m_0}, 0, 0\right\}' = \{0, g, 0, 0\}' \, . \quad (6.68)$$

Die x-Komponente der Vierer-Beschleunigung im Laborsystem erhält man daraus über die Lorentz-Transformation

$$b_x = \frac{g}{\sqrt{1-\beta^2}} = \frac{du_x}{d\tau} = \frac{d}{d\tau}\left(\frac{v_x}{\sqrt{1-\beta^2}}\right)$$

$$= \frac{1}{\sqrt{1-\beta^2}}\frac{d}{dt}\left(\frac{v_x}{\sqrt{1-\beta^2}}\right)$$

und somit ist

$$\frac{d}{dt}\left(\frac{v_x}{\sqrt{1-\beta^2}}\right) = g \quad . \tag{6.69}$$

(Wir lassen im weiteren den Index x weg.) Die Integration dieser Gleichung liefert

$$\frac{v}{\sqrt{1-\beta^2}} = g\,t$$

oder nach $\beta = v/c$ aufgelöst:

$$\beta = \frac{\frac{g\,t}{c}}{\sqrt{1+\left(\frac{g t}{c}\right)^2}} \tag{6.70}$$

Bei einer nichtrelativistischen Rechnung hätte man bei einer Beschleunigung von 1 g bereits nach einem Jahr die Lichtgeschwindigkeit überschritten

$$v^{\text{n.r.}} = g\,t \approx 9,8\,\frac{\text{m}}{\text{s}^2}\cdot 86\,400\,\text{s}\cdot 365 \approx 3,09\cdot 10^8\,\frac{\text{m}}{\text{s}} \quad .$$

Den im Laborsystem zurückgelegten Weg erhält man aus

$$\frac{dx}{dt} = v = c\,\beta = \frac{g\,t}{\sqrt{1+\left(\frac{g t}{c}\right)^2}}$$

durch nochmalige Integration zu

$$x = \frac{c^2}{g}\left(\sqrt{1+\left(\frac{g t}{c}\right)^2} - 1\right) \quad . \tag{6.71}$$

Diese Gleichung läßt sich für eine kurze Beschleunigungsdauer t (d.h. $gt \ll c$) entwickeln und liefert

$$x \approx \frac{c^2}{g}\left(\frac{1}{2}\left(\frac{g t}{c}\right)^2\right) = \frac{1}{2}\,g\,t^2 \quad .$$

Für kleine Geschwindigkeiten (kurze Beschleunigungsdauern) gehen natürlich unsere Ergebnisse wieder in die Zusammenhänge zwischen g, v, x und t der klassischen Mechanik über.

Für die Gesamtenergie der Rakete gilt

$$E \;=\; m\,c^2 \;=\; \frac{m_0}{\sqrt{1-\beta^2}}\,c^2 \;=\; m_0 c^2 \sqrt{1 + \left(\frac{gt}{c}\right)^2}\;\;, \qquad (6.72)$$

da

$$\sqrt{1-\beta^2} \;=\; \frac{1}{\sqrt{1 + \left(\frac{gt}{c}\right)^2}}\;.$$

Wird die Rakete nur kurze Zeit beschleunigt, ist also $(gt/c) \ll 1$, so liefert die Reihenentwicklung

$$E \;\approx\; m_0 c^2 + \tfrac{1}{2}\,m_0 (gt)^2 + \ldots \;\;,$$

d.h., die Gesamtenergie ist die Summe aus Ruhenergie und kinetischer Energie für $v = gt$.

Im Bild 6.8 ist der Verlauf der Geschwindigkeit und des im Laborsystem zurückgelegten Wegs als Funktion der Laborzeit graphisch dargestellt.

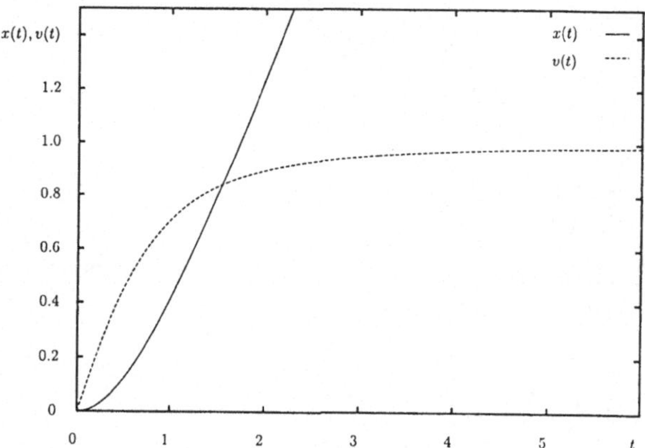

Bild 6.8 Verlauf der Geschwindigkeit (Einheit c) und des im Laborsystem zurückgelegten Wegs in Lichtjahren als Funktion der Laborzeit in Jahren für einen Raumflug mit konstanter Beschleunigung von 1 g im Eigensystem

Für den Astronauten, der diesen Raumflug durchführt, vergeht in der Rakete natürlich die Eigenzeit, er altert also nicht so schnell, verglichen mit seinem Kollegen auf der Erde. Die Berücksichtigung der Zeitdilatation $d\tau = \sqrt{1 - \beta^2}\, dt$ ergibt, wenn man $\beta = \beta(t)$ aus Gleichung (6.70) einsetzt und integriert,

$$\tau = \frac{c}{g} \ln\left(\frac{gt}{c} + \sqrt{1 + \left(\frac{gt}{c}\right)^2} \right) \tag{6.73}$$

oder, nach t aufgelöst,

$$t = \frac{c}{g} \sinh \frac{g\tau}{c} \quad . \tag{6.74}$$

Diese beiden Gleichungen zeigen den Zusammenhang der Zeit t, die im Labor (auf der Erde) vergeht, mit der Zeit τ in der Rakete; er ist im Bild 6.9 gezeichnet.

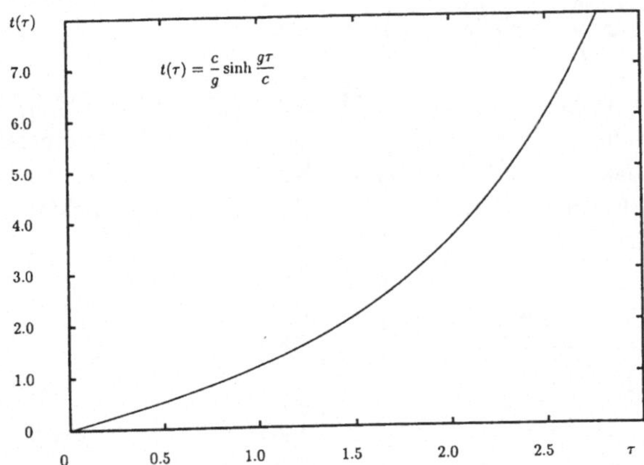

Bild 6.9 Zusammenhang zwischen Eigenzeit und Laborzeit (in Jahren) für einen Raumflug mit konstanter Beschleunigung von 1 g im Eigensystem

Setzt man Gleichung (6.74) in (6.71) ein, so erhält man den Weg im Laborsystem, den die Rakete in ihrer Eigenzeit τ zurücklegt. Es ist

$$x = \frac{c^2}{g} \left(\cosh \frac{g\tau}{c} - 1 \right) \quad , \tag{6.75}$$

da $\cosh^2\xi - \sinh^2\xi = 1$. Die Ergebnisse dieses Raumflugbeispiels wollen wir mit Zahlenwerten in einer Tabelle veranschaulichen. Wir wollen einen Astronauten auf einen Raumflug schicken und ihn wieder zum Ausgangspunkt zurückkehren lassen. Der Flug wird sich also in vier Phasen vollziehen:

- Start (von der Erde) und Beschleunigung für eine Zeit τ (im Raketensystem),
- Abbremsen der Rakete bis zum Stillstand (Bremsdauer ebenfalls τ im Raketensystem),
- Rückkehrbeschleunigung,
- Abbremsung zur Landung am Ausgangspunkt.

Jede dieser Flugphasen ist gleichwertig; der Astronaut wird also während seines Fluges um 4τ älter. Auf der Erde ist jedoch während seiner Abwesenheit eine Zeit von $t = 4(c/g)\sinh(g\tau/c)$ vergangen. Die Tiefe, in die er bei seinem Flug ins Weltall vorgedrungen ist (Entfernung von Start- und Umkehrpunkt) beträgt

$$2\,x \;=\; 2\,\frac{c^2}{g}\left(\cosh\frac{g\tau}{c} - 1\right)\;.$$

Außerdem wollen wir noch das Massenverhältnis (M_0/M_{S0}) für diesen Flug berechnen. Dabei ist M_0 die Ruhmasse am Ende einer Beschleunigungsphase der Rakete, M_{E0} die Ruhmasse bei ihrer Rückkehr und M_{S0} die Startmasse (Nutzlast + Treibstoff). Wir betrachten eine Flugphase. Aus

$$\beta \;=\; \frac{1 - \left(\dfrac{M_0}{M_{S0}}\right)^{2v_0/c}}{1 + \left(\dfrac{M_0}{M_{S0}}\right)^{2v_0/c}}$$

und

$$\beta \;=\; \frac{\frac{gt}{c}}{\sqrt{1 + \left(\frac{gt}{c}\right)^2}} \;=\; \frac{\sinh(g\tau/c)}{\cosh(g\tau/c)}\,, \qquad \text{für} \qquad t = \frac{c}{g}\sinh\frac{g\tau}{c}\,,$$

erhält man

$$\left(\frac{M_0}{M_{S0}}\right)^{v_0/c} \;=\; e^{-(g\tau/c)} \tag{6.76}$$

und für die technisch günstigste Lösung, für eine Photonenrakete mit $v_0 = c$

$$\frac{M_0}{M_{S0}} = e^{-(g\tau/c)} \quad .$$

Für die vier Flugphasen ist dann das Massenverhältnis

$$\frac{M_{E0}}{M_{S0}} = e^{-4(g\tau/c)} \quad .$$

Der Astronaut muß soviel Treibstoff mitnehmen, als ob er für eine Zeit von $4\,\tau$ immerzu beschleunigen würde. In Tab. 6.1 sind für fünf verschiedene Beschleunigungsdauern einige Zahlenwerte zusammengestellt.

Tab. 6.1 Zahlenwerte für Raumflüge mit der konstanten Beschleunigung von 1 g im Eigensystem mit Rückkehr zur Erde für fünf verschiedene Beschleunigungsdauern

Beschleunigungsdauer τ in Jahren	Flugdauer 4τ in Jahren	erreichte Entfernung im Weltall in Lj	Flugdauer in Erdzeit in Jahren	Massenverhältnis (4 Phasen) in $\frac{M_{E0}}{M_{S0}}$
1	4	1,08	4,7	0,0183
2	8	5,52	14,5	0,000335
5	20	146	297	$2 \cdot 10^{-9}$
10	40	22 000	44 000	$4 \cdot 10^{-18}$
25	100	$7 \cdot 10^{10}$	10^{11}	$4 \cdot 10^{-44}$

Das Ergebnis ist überraschend: Vom zeitlichen und medizinischen Standpunkt aus könnten interstellare Flüge zu den Fixsternen durchaus durchgeführt werden (unser nächster Fixstern, α Centauri, ist 4,2 Lichtjahre von der Erde entfernt); die Astronauten kämen innerhalb ihrer Lebenserwartung wieder zur Erde zurück, und die Beschleunigung von 1 g würde sie nicht beeinträchtigen. Sogar ein Flug zum Zentrum unsrer Milchstraße ist theoretisch möglich. Allerdings müßte man dazu, um mit 1 000 t Nutzlast wieder zurückzukommen, was für einen 40 Jahre dauernden Flug sicherlich angebracht ist, in der Photonenrakete eine Erdmasse zerstrahlen. Solch ein Raumflug scheitert somit an Energieproblemen.

6.5 Übungsaufgaben

Aufgabe 6.1. Ein ruhender Körper werde längs der x'-Achse beschleunigt (Beschleunigung a' im momentanen Ruhsystem K' des Körpers).

Welche Beschleunigung sieht man vom System K aus, in dem sich der Körper mit der Geschwindigkeit v in Richtung der x-Achse bewegt?

Zur Berechnung verwende man das Additionstheorem der Geschwindigkeiten. Wie sieht $v = v(t)$ aus, wenn man die Beschleunigung a' im Ruhsystem des Körpers konstant hält?

Aufgabe 6.2. Ein Lichtquant wird an einem anfänglich ruhenden Elektron gestreut. Berechnen Sie den Impuls und damit die Wellenlängenänderung des gestreuten Lichtquants als Funktion des Streuwinkels (Winkel zwischen der Richtung des einfallenden und auslaufenden Lichtquants).

Diskutieren Sie den Fall, daß das Elektron vor dem Stoß nicht ruht.

Aufgabe 6.3. Zeigen Sie, daß es für ein isoliertes freies Elektron unmöglich ist, ein Photon zu emittieren oder zu absorbieren.

Aufgabe 6.4. Zwei Teilchen mit den Ruhmassen m_{01} und m_{02} bewegen sich mit den Geschwindigkeiten v_1 und v_2 in dieselbe Richtung. Sie stoßen vollkommen unelastisch zusammen und bilden ein neues Teilchen. Finden Sie Ruhmasse und Geschwindigkeit des neuen Teilchens.

Aufgabe 6.5. Man berechne die für eine Wechselwirkung zur Verfügung stehende Energie für zwei verschiedene Proton-Proton-Streuexperimente:

a) ein Protonenstrahl wird auf 30 GeV beschleunigt und trifft dann auf ein ruhendes Wasserstofftarget

b) Zwei getrennte Protonenstrahlen werden auf je 15 GeV beschleunigt, dann aufeinander gerichtet und zur Kollision gebracht.

Man berechne die Gesamtenergie zweier kollidierender Protonen im Schwerpunktsystem für beide Versuchsanordnungen.

Auf welche Energie müßten die Protonen der ersten Anordnung beschleunigt werden, um die Schwerpunktsenergie der 15-GeV-Protonen der zweiten Anordnung zu erreichen?

Aufgabe 6.6. Man berechne die Schwellenenergie E_{krit} eines Nukleons N für die Reaktion $\gamma + N \to N + \pi$, wenn γ ein Photon der Temperatur $3\,K$ bezeichnet. Man nehme den Fall des zentralen Stoßes an; $E_\gamma \simeq kT$; $m_N c^2 = 940\,\mathrm{MeV}$; $m_\pi c^2 = 140\,\mathrm{MeV}$. (Vermutlich produziert die Wechselwirkung der kosmischen Strahlung mit dem kosmischen Mikrowellenhintergrund der Temperatur $3\,K$ aufgrund dieses Effektes den hochenergetischen Cut-off bei E_{krit} im Spektrum der kosmischen Strahlung).

7 Lorentz-invariante Formulierung der Elektrodynamik

7.1 Das Programm der relativistischen Elektrodynamik

Ziel ist es, die Maxwell-Gleichungen ebenso wie die Bewegungsgleichungen der relativistischen Mechanik mit Vierer-Größen darzustellen. Im Gegensatz zu den Gleichungen der klassischen Mechanik sind die Maxwell-Gleichungen bereits Lorentz-invariant, so daß keine Modifikationen der Elektrodynamik notwendig sind, sondern lediglich ein Umschreiben der Gleichungen. Um etwa festzustellen, daß das Induktionsgesetz

$$\operatorname{rot} \boldsymbol{E} = -\frac{\partial \boldsymbol{B}}{\partial t}$$

dem Relativitätsprinzip genügt, hat man zunächst das Transformationsgesetz für $\boldsymbol{E}$ und $\boldsymbol{B}$ aufzusuchen, d.h. die Felder $\boldsymbol{E}'$ und $\boldsymbol{B}'$ zu ermitteln, die ein bewegter Beobachter messen würde, und dann zu prüfen, ob auch diese Größen die Gleichung

$$\operatorname{rot}' \boldsymbol{E}' = -\frac{\partial \boldsymbol{B}'}{\partial t'}$$

erfüllen. In dieser Weise ging Einstein zunächst vor. Dieses im konkreten Einzelfall oft recht mühsame Verfahren wollen wir durch eine vierdimensionale Lorentz-invariante Formulierung der Maxwell-Gleichungen ersetzen. Man sieht dann mit einem Blick die Invarianz.

7.2 Die Maxwell-Gleichungen

Die Verknüpfung von Ladungen, Strömen und Feldern wird durch die Maxwell-Gleichungen beschrieben. Sie lauten:

Innere Feldgleichungen:

$$\operatorname{rot} \boldsymbol{E} = -\frac{\partial \boldsymbol{B}}{\partial t} \tag{7.1a}$$

$$\operatorname{div} \boldsymbol{B} = 0 \ . \tag{7.1b}$$

Erregungsgleichungen:

$$\operatorname{rot} \boldsymbol{H} = \boldsymbol{j} + \frac{\partial \boldsymbol{D}}{\partial t} \tag{7.1c}$$

$$\operatorname{div} \boldsymbol{D} = \varrho \ . \tag{7.1d}$$

Einen Zusammenhang zwischen den Feldgrößen stellen die beiden Verknüpfungsgleichungen her:

$$\boldsymbol{D} = \varepsilon_0 \boldsymbol{E} + \boldsymbol{P} \tag{7.2a}$$

$$\boldsymbol{B} = \mu_0 \boldsymbol{H} + \boldsymbol{M} \tag{7.2b}$$

oder speziell

$$\boldsymbol{D} = \varepsilon \varepsilon_0 \boldsymbol{E} \tag{7.2c}$$

$$\boldsymbol{B} = \mu \mu_0 \boldsymbol{H} \ , \tag{7.2d}$$

falls $\boldsymbol{P}$ proportional zu $\boldsymbol{E}$ und $\boldsymbol{M}$ proportional zu $\boldsymbol{H}$ ist (im Vakuum ist $\varepsilon = 1$, $\mu = 1$). Das Vektorpotential $\boldsymbol{A}$ wird eingeführt durch

$$\boldsymbol{B} = \operatorname{rot} \boldsymbol{A} \tag{7.3a}$$

und das skalare Potential φ durch

$$\boldsymbol{E} = -\operatorname{grad} \varphi - \frac{\partial \boldsymbol{A}}{\partial t} \ . \tag{7.3b}$$

Eine wichtige Eigenschaft der elektrodynamischen Potentiale $\boldsymbol{A}$ und φ ist ihre Eichinvarianz. Die Felder $\boldsymbol{E}$ und $\boldsymbol{B}$ ändern sich nicht bei Eichtransformationen der Form:

$$\tilde{\boldsymbol{A}} = \boldsymbol{A} + \operatorname{grad} \chi \ , \quad \tilde{\varphi} = \varphi - \frac{\partial \chi}{\partial t} \ , \tag{7.4}$$

wobei die Eichfunktion χ eine beliebige differenzierbare Funktion des Ortes und der Zeit ist, denn

$$\tilde{\boldsymbol{E}} = -\operatorname{grad}\tilde{\varphi} - \frac{\partial\tilde{\boldsymbol{A}}}{\partial t} = -\operatorname{grad}\varphi + \operatorname{grad}\frac{\partial\chi}{\partial t} - \frac{\partial\boldsymbol{A}}{\partial t} - \frac{\partial}{\partial t}\operatorname{grad}\chi$$

$$= -\operatorname{grad}\varphi - \frac{\partial\boldsymbol{A}}{\partial t} = \boldsymbol{E} \quad,$$

$$\tilde{\boldsymbol{B}} = \operatorname{rot}\tilde{\boldsymbol{A}} = \operatorname{rot}\boldsymbol{A} + \operatorname{rot}\operatorname{grad}\chi = \operatorname{rot}\boldsymbol{A} = \boldsymbol{B} \quad,$$

da die Rotation des Gradienten stets gleich Null ist. Aufgrund dieser Freiheit kann man an $\boldsymbol{A}$ und φ Nebenbedingungen stellen, wie z. B. $\operatorname{div}\boldsymbol{A} = 0$, die Coulomb-Eichung. Diese Eichung erweist sich als geschickt für die Elektrostatik.

7.3 Vierer-Vektoren in der Elektrodynamik

Ausgangspunkt für die vierdimensionale Formulierung der Maxwell-Gleichungen ist eine spezielle Eichung, nämlich die Lorentz-Eichung

$$\operatorname{div}\boldsymbol{A} + \frac{1}{c^2}\frac{\partial\varphi}{\partial t} = 0 \quad . \tag{7.5}$$

Diese Gleichung soll in jedem Inertialsystem gelten, der Ausdruck $\operatorname{div}\boldsymbol{A} + \frac{1}{c^2}\frac{\partial\varphi}{\partial t}$ ist also ein Lorentz-Skalar. Die Schreibweise der Lorentz-Eichung

$$\frac{\partial A_x}{\partial x} + \frac{\partial A_y}{\partial y} + \frac{\partial A_z}{\partial z} + \frac{\partial(\varphi/c)}{\partial(ct)} = 0 \tag{7.6}$$

legt die Einführung einer Vierer-Größe nahe (zunächst erst abkürzende Schreibweise, noch kein Vierer-Vektor!)

$$(\Phi^{\mu}) \equiv (\varphi/c, A_x, A_y, A_z) \,,$$

mit der die Gleichung (7.6) die Form erhält

$$\partial_{\mu}\Phi^{\mu} = 0 \quad . \tag{7.7}$$

Da $\{\partial_{\mu}\}$ ein *beliebiger* kovarianter Vierer-Vektor ist, folgt aus der Tatsache, daß $\partial_{\mu}\Phi^{\mu} = 0$ ein Lorentz-Skalar ist, daß die vierkomponentige Größe Φ^{μ}

$$\{\Phi^\mu\} = \{\varphi/c, A_x, A_y, A_z\} \qquad (7.8)$$

ein kontravarianter Vierer-Vektor ist. $\{\Phi^\mu\}$ heißt Vierer-Potential. Die Lorentz-Eichung ist also so gewählt, daß sich $\{\varphi/c, \boldsymbol{A}\}$ wie ein kontravarianter Vierer-Vektor transformiert.

Da die Ladung in jedem Bezugssystem erhalten sein muß, gilt die Kontinuitätsgleichung in jedem Inertialsystem, also ist

$$\operatorname{div} \boldsymbol{j} + \frac{\partial \varrho}{\partial t} = \frac{\partial j_x}{\partial x} + \frac{\partial j_y}{\partial y} + \frac{\partial j_z}{\partial z} + \frac{\partial c\varrho}{\partial ct} = 0 \qquad (7.9)$$

ein Lorentz-Skalar. Daraus und aus der Form der Kontinuitätsgleichung folgt sofort eine weitere Vierer-Größe, nämlich

$$\{j^\mu\} = \{c\varrho, \boldsymbol{j}\} \quad . \qquad (7.10)$$

Der kontravariante Vierer-Vektor $\{j^\mu\}$ heißt Vierer-Stromdichte. Die Kontinuitätsgleichung schreibt sich damit

$$\partial_\mu j^\mu = 0 \quad . \qquad (7.11)$$

Da $\{j^\mu\}$ ein Vierer-Vektor ist, muß $\eta_{\mu\nu} j^\mu j^\nu$ ein Lorentz-Skalar, also in jedem System gleich sein:

$$\begin{aligned}
\eta_{\mu\nu} j^\mu j^\nu &= c^2 \varrho^2 - j^2 = c^2 \varrho^2 - v^2 \varrho^2 = (c^2 - v^2)\, \varrho^2 \\
&= c^2 \left(1 - \beta^2\right) \varrho^2 = c^2 \varrho_0^2 \quad .
\end{aligned} \qquad (7.12)$$

Dabei ist ϱ_0 die Ladungsdichte in einem System, das sich mit der Ladung mitbewegt $(v = 0)$; ϱ_0 heißt Ruhladungsdichte, und es gilt:

$$\varrho = \frac{\varrho_0}{\sqrt{1 - \beta^2}} \geq \varrho_0 \quad . \qquad (7.13)$$

Das ist kein Widerspruch, denn es ist die Erhaltung der Ladung vorausgesetzt und nicht die der Ladungsdichte; diese vergrößert sich beim Übergang vom Ruhsystem zu einem bewegten System. Dagegen ist die Ladungsmenge de in einem vorgegebenen Volumenelement dV für beide Systeme gleich:

$$\begin{aligned}
de = \varrho\, dV &= \frac{\varrho_0}{\sqrt{1 - \beta^2}}\, dx\, dy\, dz \\
&= \frac{\varrho_0}{\sqrt{1 - \beta^2}} \left(\sqrt{1 - \beta^2}\, dx_0\right) dy_0\, dz_0 = \varrho_0\, dV_0 = de_0 \quad . \quad (7.14)
\end{aligned}$$

Man kann somit die Vergrößerung der Ladungsdichte in einem bewegten System auch so deuten, daß die gleiche Ladungsmenge wegen der Längenkontraktion nun in einem verkürzten Volumen beobachtet wird.

Es sei noch auf die Parallelität der Stromdichte in ihrer drei- und vierdimensionalen Schreibweise hingewiesen: Wie die Dreier-Stromdichte $\boldsymbol{j}$ das Produkt von Ladungsdichte ϱ und Geschwindigkeit $\boldsymbol{v}$ ist, so ist auch die Vierer-Stromdichte $\{j^\mu\}$ das Produkt aus der Ruhladungsdichte ϱ_0 mit der Vierer-Geschwindigkeit $\{u^\mu\}$:

$$\{j^\mu\} = \{c\varrho, \boldsymbol{j}\} = \{c\varrho, \varrho\,\boldsymbol{v}\}$$
$$= \varrho_0 \left\{ \frac{c}{\sqrt{1-\beta^2}}, \frac{\boldsymbol{v}}{\sqrt{1-\beta^2}} \right\} = \varrho_0\{u^\mu\} \quad . \tag{7.15}$$

Mit den oben eingeführten Vierer-Vektoren verschmelzen die Potential-Gleichungen

$$\Delta\varphi - \frac{1}{c^2}\frac{\partial^2\varphi}{\partial t^2} = -\frac{1}{\varepsilon_0}\varrho = -\mu_0 c^2 \varrho \tag{7.16a}$$

$$\Delta\boldsymbol{A} - \frac{1}{c^2}\frac{\partial^2\boldsymbol{A}}{\partial t^2} = -\mu_0\boldsymbol{j} \tag{7.16b}$$

zu einer Vierer-Vektorgleichung, nämlich der vierdimensionalen Potential-Gleichung

$$\Box\,\Phi^\mu = \mu_0 j^\mu \quad , \tag{7.17}$$

wobei

$$\Box \equiv \frac{1}{c^2}\frac{\partial^2}{\partial t^2} - \Delta = \eta^{\mu\nu}\frac{\partial}{\partial x^\mu}\frac{\partial}{\partial x^\nu} = \eta^{\mu\nu}\partial_\mu\partial_\nu \tag{7.18}$$

der vierdimensionale Laplace-Operator (D'Alembert-Operator) ist. Es sei noch einmal daran erinnert, daß dieser Operator als das Betragsquadrat des Vierer-Vektoroperators $\{\partial_\mu\}$ ein Lorentz-Skalar ist.

7.4 Vierer-Tensoren in der Elektrodynamik

Der Feldstärkentensor

Bisher haben wir Vierer-Vektoren in die Elektrodynamik eingeführt. Wir bilden nun die vierdimensionale Rotation des kovarianten Vierer-Potentials $\{\Phi_\mu\} = \{\eta_{\mu\nu}\,\Phi^\nu\}$, also Rot $\{\Phi_\mu\}$:

$$\{F_{\mu\nu}\} \equiv \{\partial_\mu \Phi_\nu - \partial_\nu \Phi_\mu\} \tag{7.19}$$

$$= \begin{pmatrix} 0 & -\frac{\partial A_x}{\partial ct} - \frac{\partial(\varphi/c)}{\partial x} & -\frac{\partial A_y}{\partial ct} - \frac{\partial(\varphi/c)}{\partial y} & -\frac{\partial A_z}{\partial ct} - \frac{\partial(\varphi/c)}{\partial z} \\ & 0 & -\frac{\partial A_y}{\partial x} + \frac{\partial A_x}{\partial y} & -\frac{\partial A_z}{\partial x} + \frac{\partial A_x}{\partial x} \\ -\text{oben} & & 0 & -\frac{\partial A_z}{\partial y} + \frac{\partial A_y}{\partial z} \\ & & & 0 \end{pmatrix}$$

$$= \begin{pmatrix} 0 & \frac{1}{c}E_x & \frac{1}{c}E_y & \frac{1}{c}E_z \\ -\frac{1}{c}E_x & 0 & -B_z & B_y \\ -\frac{1}{c}E_y & B_z & 0 & -B_x \\ -\frac{1}{c}E_z & -B_y & B_x & 0 \end{pmatrix}$$

$\{F_{\mu\nu}\}$ ist ein schiefsymmetrischer Tensor zweiter Stufe; er heißt Feldstärkentensor. Für seine Raum-Raum-Komponenten gilt

$$\text{rot}\,\boldsymbol{A} = \boldsymbol{B}$$

und für seine Raum-Zeit-Komponenten

$$-\text{grad}\,\varphi - \frac{\partial \boldsymbol{A}}{\partial t} = \boldsymbol{E} \quad .$$

Als Resultat ergibt sich: Das elektromagnetische Feld wird in Viererschreibweise durch einen schiefsymmetrischen Vierer-Tensor zweiter Stufe, den Feldstärkentensor, beschrieben.

Für die Transformation in ein in x-Richtung mit konstanter Geschwindigkeit $\boldsymbol{v}$ bewegtes System K' gilt

$$F'_{\mu\nu} = \Lambda_\mu{}^\kappa \Lambda_\nu{}^\lambda F_{\kappa\lambda} \quad . \tag{7.20}$$

Daraus läßt sich das Transformationsverhalten der Felder $\boldsymbol{E}$ und $\boldsymbol{B}$ berechnen, beispielsweise findet man

$$B'_z = -F'_{12} = -\Lambda_1{}^\kappa \Lambda_2{}^\lambda F_{\kappa\lambda} = \frac{1}{\sqrt{1-\beta^2}} \left(B_z - \frac{\beta}{c} E_y\right) \ .$$

Die vollständigen Transformationsformeln für die Komponenten von $\boldsymbol{E}$ und $\boldsymbol{B}$ lauten:

$$E'_x = E_x\,, \qquad\qquad\qquad B'_x = B_x\,, \qquad\qquad (7.21)$$

$$E'_y = \frac{1}{\sqrt{1-\beta^2}}\,(E_y - c\beta B_z)\,, \quad B'_y = \frac{1}{\sqrt{1-\beta^2}} \left(B_y + \frac{\beta}{c} E_z\right),$$

$$E'_z = \frac{1}{\sqrt{1-\beta^2}}\,(E_z + c\beta B_y)\,, \quad B'_z = \frac{1}{\sqrt{1-\beta^2}} \left(B_z - \frac{\beta}{c} E_y\right).$$

Die elektrische und magnetische Feldstärke werden also bei einer Lorentz-Transformation miteinander verknüpft. Daß ein bewegtes $\boldsymbol{E}$-Feld auch ein $\boldsymbol{B}$-Feld besitzt, ist leicht einzusehen, doch ist deren Zusammenhang aus der klassischen Elektrodynamik nicht so leicht zu berechnen, denn ein zeitlich sich veränderndes $\boldsymbol{B}$-Feld beeinflußt wiederum das $\boldsymbol{E}$-Feld. Erst eine komplizierte iterative Lösung ergäbe den Wurzelfaktor des gegenseitigen Zusammenhangs, während die Lorentz-Transformation des Feldstärkentensors ohne Mühe das richtige Ergebnis liefert.

Die Invarianten des Feldstärkentensors

Als invariante Größen des Feldstärkentensors gegenüber Lorentz-Transformationen ergeben sich

$$\boldsymbol{E}' \cdot \boldsymbol{B}' = \boldsymbol{E} \cdot \boldsymbol{B} \qquad\qquad (7.22\text{a})$$

$$\boldsymbol{E}'^2 - c^2 \boldsymbol{B}'^2 = \boldsymbol{E}^2 - c^2 \boldsymbol{B}^2 \ . \qquad\qquad (7.22\text{b})$$

Dabei ist $\boldsymbol{E}\cdot\boldsymbol{B}$ ein Pseudo-Skalar (bleibt bei Lorentz-Transformationen gleich, ändert aber bei Spiegelung am Ursprung das Vorzeichen), $\boldsymbol{E}^2 - c^2 \boldsymbol{B}^2$ ein echter Lorentz-Skalar.

Folgerungen aus den Invarianten:

1. Gilt in einem System $\boldsymbol{E} \cdot \boldsymbol{B} = 0$, d.h. $\boldsymbol{E} \perp \boldsymbol{B}$, dann stehen $\boldsymbol{E}$- und $\boldsymbol{B}$-Feld auch in jedem anderen System senkrecht aufeinander. Gilt zusätzlich zu $\boldsymbol{E} \cdot \boldsymbol{B} = 0$ noch $\boldsymbol{E}^2 - c^2 \boldsymbol{B}^2 > 0$ (bzw. $\boldsymbol{E}^2 - c^2 \boldsymbol{B}^2 < 0$), dann läßt sich ein System finden, in dem $\boldsymbol{B} = 0$ (bzw. $\boldsymbol{E} = 0$) ist.

2. Ist umgekehrt $\boldsymbol{E}\cdot\boldsymbol{B} \neq 0$, dann gibt es kein System, in dem $\boldsymbol{E}\perp\boldsymbol{B}$ bzw. $\boldsymbol{E} = 0$ oder $\boldsymbol{B} = 0$ sind.

3. Ist ferner $\boldsymbol{E}^2 - c^2\,\boldsymbol{B}^2 = 0$, dann ist in jedem System $|\boldsymbol{E}| = c|\boldsymbol{B}|$.

4. Gilt in einem System $\boldsymbol{E}^2 - c^2\,\boldsymbol{B}^2 = 0$ und $\boldsymbol{E}\cdot\boldsymbol{B} = 0$, dann ist in jedem System $\boldsymbol{E}\perp\boldsymbol{B}$ und $|\boldsymbol{E}| = c|\boldsymbol{B}|$ erfüllt. Ein Beispiel dafür ist die elektromagnetische Welle.

7.5 Die Maxwell-Gleichungen für das Vakuum in vierdimensionaler Schreibweise

Die Erregungsgleichungen

Wir betrachten den Vierer-Vektor $\partial_\nu F^{\mu\nu} = \partial_\nu \eta^{\mu\kappa}\eta^{\nu\lambda}F_{\kappa\lambda}$ (die Divergenz eines Vierer-Tensors zweiter Stufe ist ein Vierer-Vektor) und erhalten durch einfaches Ausrechnen für dessen Raum-Komponenten

$$-\operatorname{rot}\boldsymbol{B} + \frac{1}{c^2}\frac{\partial \boldsymbol{E}}{\partial t}$$

und für die Zeit-Komponente

$$-(1/c)\operatorname{div}\boldsymbol{E}\quad.$$

Unter Verwendung der Erregungsgleichungen (7.1) und wegen $\varepsilon_0\mu_0 = 1/c^2$ und $\boldsymbol{B} = \mu_0\boldsymbol{H}$ ist

$$\operatorname{rot}\boldsymbol{B} - \frac{1}{c^2}\frac{\partial \boldsymbol{E}}{\partial t} = \mu_0\left(\operatorname{rot}\boldsymbol{H} - \varepsilon_0\frac{\partial \boldsymbol{E}}{\partial t}\right) = \mu_0\boldsymbol{j}\quad,$$
$$(1/c)\operatorname{div}\boldsymbol{E} = \mu_0 c\operatorname{div}\varepsilon_0\boldsymbol{E} = \mu_0 c\varrho\quad. \tag{7.23}$$

Mit der Vierer-Stromdichte

$$\{j^\mu\} = \{c\varrho,\boldsymbol{j}\}$$

lassen sich die zwei Erregungsgleichungen in vierdimensionaler Schreibweise zu einer Gleichung

$$\partial_\nu F^{\mu\nu} = -\mu_0 j^\mu \tag{7.24}$$

zusammenfassen. Natürlich hätte man dasselbe Ergebnis unter Ausnutzung der Lorentz-Eichung $\partial_\nu\Phi^\nu = 0$ auch direkt aus der Potentialgleichung (7.17)

$$\begin{aligned}
\Box\, \Phi^\mu &= \eta^{\nu\kappa}\partial_\nu\partial_\kappa\Phi^\mu - \eta^{\mu\lambda}\partial_\lambda\partial_\nu\Phi^\nu = \eta^{\nu\kappa}\eta^{\mu\lambda}\partial_\nu\partial_k\Phi_\lambda \\
&\quad - \eta^{\mu\lambda}\eta^{\nu\kappa}\partial_\lambda\partial_\nu\Phi_\kappa = \eta^{\nu\kappa}\eta^{\mu\lambda}\partial_\nu\left(\partial_\kappa\Phi_\lambda - \partial_\lambda\Phi_\kappa\right) \\
&= \eta^{\nu\kappa}\eta^{\mu\lambda}\partial_\nu F_{\kappa\lambda} = \partial_\nu F^{\nu\mu} = -\partial_\nu F^{\mu\nu} = \mu_0 j^\mu
\end{aligned} \qquad (7.25)$$

ableiten können.

Die inneren Feldgleichungen

Auch hier enthält eine Gleichung in vierdimensionaler Schreibweise die beiden inneren Feldgleichungen (7.1a) der Maxwell-Gleichungen. Sie lautet:

$$\partial_\lambda F_{\mu\nu} + \partial_\mu F_{\nu\lambda} + \partial_\nu F_{\lambda\mu} = 0 \quad . \qquad (7.26)$$

Die Indizes λ, μ, ν laufen unabhängig voneinander von 0 bis 3. Dabei zeigt sich, daß für zwei gleiche Indizes die Gleichung (7.26) trivialerweise erfüllt ist. Beispielsweise ist für $\mu = \nu$ sowohl $F_{\mu\mu} = 0$ als auch $\partial_\mu(F_{\mu\lambda} + F_{\lambda\mu}) = 0$, da wegen der Schiefsymmetrie von $F_{\mu\nu}$ bereits $F_{\mu\lambda} + F_{\lambda\mu} = 0$ ist. Es gibt lediglich vier verschiedene Gleichungen; wir erhalten sie z.B. aus den Kombinationen

$$(\lambda, \mu, \nu) = (0,1,2),\ (1,2,3),\ (2,3,0),\ (3,0,1) \quad .$$

Eine Vertauschung innerhalb eines Tripels verändert nur die Reihenfolge der Summanden. $(\lambda, \mu, \nu,) = (1,2,3)$ liefert

$$\mathrm{div}\,\boldsymbol{B} = 0 \quad ,$$

die anderen drei Gleichungen ergeben

$$\mathrm{rot}\,\boldsymbol{E} = -\frac{\partial \boldsymbol{B}}{\partial t} \quad .$$

In verschiedenen Lehrbüchern findet man durch Verwendung des total antisymmetrischen Levi-Civita-Tensors $\{\varepsilon^{\kappa\lambda\mu\nu}\}$, den wir in der Übungsaufgabe 5.4 definiert haben, für (7.26) die kompakte Schreibweise

$$\varepsilon^{\kappa\lambda\mu\nu}\, \partial_\lambda\, F_{\mu\nu} = 0 \quad .$$

7.6 Zusammenfassung

Mit Hilfe von Vierer-Vektoren und -Tensoren lassen sich die Gleichungen der Elektrodynamik auf eine übersichtliche und einfache Form bringen. Diese vierdimensionale Schreibweise eignet sich – zu diesem Zweck wurde sie ja eingeführt – besonders zum Umrechnen von einem System auf ein dazu bewegtes System. Für das Rechnen in einem System benutzt man trotzdem meist die dreidimensionalen Vektorgleichungen. Wir stellen noch einmal die Gleichungen für $\varepsilon = 1$ und $\mu = 1$ (Vakuum) in Viererschreibweise zusammen:

$$\partial_\mu \Phi^\mu = 0 \quad \text{Lorentz} - \text{Eichung} \qquad (7.7)$$

$$\partial_\mu j^\mu = 0 \quad \text{Kontinuitätsgleichung} \qquad (7.11)$$

$$\Box\, \Phi^\mu = \mu_0 j^\mu \quad \text{Potentialgleichung} \qquad (7.17)$$

$$\partial_\mu \Phi_\nu - \partial_\nu \Phi_\mu = F_{\mu\nu} \quad \text{Feldstärkentensor} \qquad (7.19)$$

$$\partial_\nu F_{\mu\nu} = -\mu_0 j^\mu \quad \text{Erregungsgleichungen} \qquad (7.24)$$

$$\partial_\lambda F_{\mu\nu} + \partial_\mu F_{\nu\lambda} + \partial_\nu F_{\lambda\mu} = 0 \quad \text{Innere Feldgleichungen} \qquad (7.26)$$

7.7 Die Lorentz-Kraft

Auf eine Ladung e wirkt im $\boldsymbol{E}$- und $\boldsymbol{B}$-Feld die Kraft

$$\boldsymbol{K} = e\left[\boldsymbol{E} + (\boldsymbol{v} \times \boldsymbol{B})\right] \quad . \qquad (7.27)$$

Wir wollen diese Gleichung aus dem Transformationsverhalten der Minkowski-Kraft und der Feldvektoren herleiten und damit eine vierdimensionale Formulierung der Lorentz-Kraft finden.

Dazu betrachten wir eine im Ursprung von S' ruhende Ladung e von einem Labor-System S aus. (Wir bezeichnen in diesem Abschnitt die Koordinatensysteme nicht mit K sondern mit S, um Verwechslungen mit der Kraft zu vermeiden.) Vergleichen werden wir die transformierte Kraft und die transformierten Felder. Ohne Beschränkung der Allgemeinheit können wir durch Verdrehen von S und S' um die x-x'-Achse erreichen, daß $K_z^{N'} = 0$ ist. Da die Ladung in S' ruht, gilt

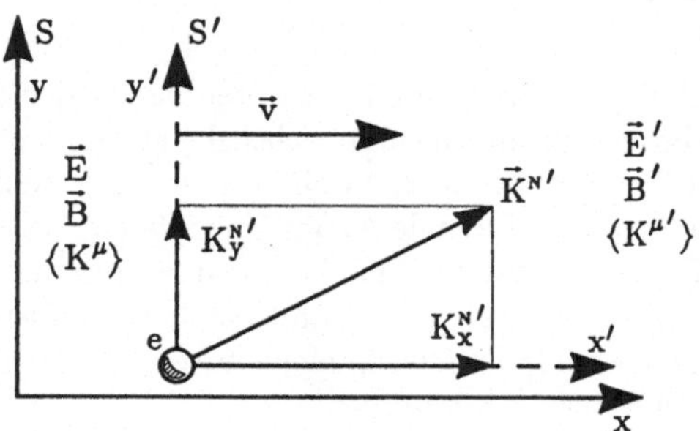

Bild 7.1 Die Lorentz-Kraft

$$\boldsymbol{K}^{N'} \; = \; e\,\boldsymbol{E}' \; . \tag{7.28}$$

Wir berechnen nun in S' aus der Newton-Kraft die Minkowski-Kraft;
den Zusammenhang kennen wir aus der relativistischen Mechanik (Kapitel 6, Gleichung (6.10).

$$K^0 \; = \; \frac{1}{c}\,\frac{\boldsymbol{K}\cdot\boldsymbol{v}}{\sqrt{1-\beta^2}} \, , \qquad K^i \; = \; \frac{K^{Ni}}{\sqrt{1-\beta^2}} \, , \quad (i=1,2,3) \quad .$$

Also ist in S' $(v=0)$:

$$K^{0'} \; = \; 0 \, , \quad K^{1'} \; = \; K_x^{N'} \, , \quad K^{2'} \; = \; K_y^{N'} \, , \quad K^{3'} \; = \; 0 \quad . \tag{7.29}$$

Da sich das System S mit $-v$ relativ zu S' bewegt, transformieren wir
den Minkowski-Kraftvektor K' mit $\Lambda(-v)$ nach S. Wir erhalten

$$K^0 \; = \; \frac{\beta\,K^{1'}}{\sqrt{1-\beta^2}} \, , \; K^1 \; = \; \frac{K^{1'}}{\sqrt{1-\beta^2}} \, , \; K^2 \; = \; K^{2'} \, , \; K^3 \; = \; 0 \tag{7.30}$$

und damit für die Newton-Kraft $\boldsymbol{K}^N$ in S:

$$K_x^N \; = \; \sqrt{1-\beta^2}\,K^1 \; = \; \sqrt{1-\beta^2}\,\frac{K^{1'}}{\sqrt{1-\beta^2}} \; = \; K^{1'} \; = \; K_x^{N'} \tag{7.31a}$$

$$K_y^N \; = \; \sqrt{1-\beta^2}\,K^2 \; = \; \sqrt{1-\beta^2}\,K^{2'} \; = \; \sqrt{1-\beta^2}\,K_y^{N'} \quad . \tag{7.31b}$$

Mit $\boldsymbol{K}^{N'} = e\,\boldsymbol{E}'$ zusammen mit $\boldsymbol{v} = (v,0,0)$ und den Transformationsformeln (7.21) für die Felder folgt dann schließlich aus (7.31):

$$K_x^N = K_x^{N'} = e\,E_x' = e\,E_x = e\,[E_x + (v \times B)_x] \qquad (7.32\text{a})$$

$$K_y^N = \sqrt{1-\beta^2}\,K_y^{N'} = \sqrt{1-\beta^2}\,e\,E_y' = e\,(E_y - v\,B_z)$$
$$= e\,[E_y + (v \times B)_y] \quad . \qquad (7.32\text{b})$$

Damit wirkt auf eine mit der Geschwindigkeit v im Laborsystem bewegte Ladung e die Kraft

$$\boldsymbol{K}^N = e\,[\boldsymbol{E} + (\boldsymbol{v} \times \boldsymbol{B})] \quad . \qquad (7.33)$$

Aus dem Transformationsverhalten der Minkowski-Kraft und der Feldvektoren $\boldsymbol{E}$ und $\boldsymbol{B}$ ergibt sich also zwangsläufig die Lorentz-Kraft.

Wir wollen noch die Bewegungsgleichung einer Ladung e mit der Ruhmasse m_0 in Viererschreibweise aufstellen. Gesucht ist also ein Vierer-Vektor, dessen Raum-Komponenten proportional zu $\boldsymbol{E} + (\boldsymbol{v} \times \boldsymbol{B})$ sind. Diesen Vektor findet man mit $F_{\mu\nu}u^\nu$, wobei $\{u^\nu\}$ die Vierer-Geschwindigkeit ist. Beispielsweise erhält man für $\mu = 1$

$$F_{1\nu}u^\nu = -\frac{E_x}{\sqrt{1-\beta^2}} - B_z\,\frac{v_y}{\sqrt{1-\beta^2}} + B_y\,\frac{v_z}{\sqrt{1-\beta^2}} \qquad (7.34)$$

$$= -\frac{1}{\sqrt{1-\beta^2}}\,(E_x + (v \times B)_x) = -\frac{1}{e}\frac{K_x^N}{\sqrt{1-\beta^2}} = \frac{1}{e}K_1 \ .$$

Für die weiteren Komponenten ergibt sich vollkommen analog

$$e\,F_{\mu\nu}\,u^\nu = K_\mu \qquad (7.35)$$

und daraus die Bewegungsgleichung in Viererschreibweise

$$\frac{d}{d\tau}\,p_\mu = K_\mu = e\,F_{\mu\nu}\,u^\nu \quad . \qquad (7.36)$$

Die relativistische Bewegungsgleichung in Dreierschreibweise erhält man aus den Raum-Komponenten von (7.36)

$$\frac{d}{dt}\left(\frac{m_0\boldsymbol{v}}{\sqrt{1-\beta^2}}\right) = e\,[\boldsymbol{E} + (\boldsymbol{v} \times \boldsymbol{B})] \qquad (7.37\text{a})$$

und den relativistischen Energiesatz aus der Zeit-Komponente von (7.36)

$$\frac{d}{dt}\left(\frac{m_0 c^2}{\sqrt{1-\beta^2}}\right) = e\,\boldsymbol{E} \cdot \boldsymbol{v} \quad . \qquad (7.37\text{b})$$

Gleichung (7.37a) besagt, daß die Lorentz-Kraft gleich der zeitlichen Änderung des relativistischen Impulses ist, und Gleichung (7.37b), daß der Zuwachs der Energie gleich der vom $\boldsymbol{E}$-Feld geleisteten Arbeit ist. (Das $\boldsymbol{B}$-Feld steht immer senkrecht auf der Geschwindigkeit und kann daher keine Arbeit leisten.)

Zum Schluß führen wir noch die Minkowski-Kraftdichte k^μ ein

$$k^\mu \equiv \varrho_0\, \eta^{\mu\nu}\, F_{\nu\lambda}\, u^\lambda = \eta^{\mu\nu}\, F_{\nu\lambda}\, j^\lambda \quad , \tag{7.38}$$

die wir im nächsten Abschnitt benötigen werden.

7.8 Energie und Impuls des elektromagnetischen Feldes im Vakuum

Der Energie-Impuls-Tensor

Wir betrachten die elektromagnetische Energiedichte im Vakuum

$$u = \tfrac{1}{2}\,\varepsilon_0 \boldsymbol{E}^2 + \tfrac{1}{2}\tfrac{1}{\mu_0}\boldsymbol{B}^2 = \tfrac{1}{2}\varepsilon_0(\boldsymbol{E}^2 + c^2\,\boldsymbol{B}^2) \quad . \tag{7.39}$$

Mit den Transformationsformeln für $\boldsymbol{E}$ und $\boldsymbol{B}$ rechnet man leicht nach, daß

$$\boldsymbol{E}'^2 + c^2\,\boldsymbol{B}'^2 \neq \boldsymbol{E}^2 + c^2\,\boldsymbol{B}^2 \tag{7.40}$$

ist, d.h., die elektromagnetische Energiedichte u ist kein Lorentz-Skalar. Damit stellt sich die Frage: Wie transformiert sich u, bzw. was ist die entsprechende Vierer-Größe? Wir werden sehen, daß u die 0-0-Komponente eines Vierer-Tensors zweiter Stufe ist, daß sich also die elektromagnetische Energiedichte wie die 0-0-Komponente eines Vierer-Tensors transformiert. Um diesen Tensor zu finden, betrachten wir den Ausdruck (7.38) für die Kraftdichte und formen ihn stückweise mit Hilfe der Maxwell-Gleichungen um:

$$k^\mu = \eta^{\mu\kappa}\, F_{\kappa\nu}\, j^\nu = -\frac{1}{\mu_0}\,\eta^{\mu\kappa}\, F_{\kappa\nu}\,\partial_\lambda\, F^{\nu\lambda}$$

$$= -\frac{1}{\mu_0}\,\eta^{\mu\kappa}\,\partial_\lambda\,(F_{\kappa\nu}F^{\nu\lambda}) + \frac{1}{\mu_0}\,\eta^{\mu\kappa}\,(\partial_\lambda\, F_{\kappa\nu})\, F^{\nu\lambda} \quad . \tag{7.41}$$

Das letzte Glied formen wir durch Vertauschung der Summationsindizes ν und λ um, wobei wir die Schiefsymmetrie des Feldstärkentensors ausnützen

$$k^\mu = -\frac{1}{\mu_0}\eta^{\mu\kappa}\partial_\lambda(F_{\kappa\nu}F^{\nu\lambda}) + \frac{1}{2\mu_0}\eta^{\mu\kappa}(F^{\nu\lambda}\partial_\lambda F_{\kappa\nu} + F^{\lambda\nu}\partial_\nu F_{\kappa\lambda})$$

$$= -\frac{1}{\mu_0}\eta^{\mu\kappa}\partial_\lambda(F_{\kappa\nu}F^{\nu\lambda}) + \frac{1}{2\mu_0}\eta^{\mu\kappa}F^{\nu\lambda}(\partial_\lambda F_{\kappa\nu} + \partial_\nu F_{\lambda\kappa}) . \quad (7.42)$$

Der Klammerausdruck rechts ist nach der inneren Feldgleichung (7.26) gleich $-\partial_\kappa F_{\nu\lambda}$, so daß weiter umgeformt werden kann:

$$k^\mu = -\frac{1}{\mu_0}\eta^{\mu\kappa}\,\partial_\lambda(F_{\kappa\nu}F^{\nu\lambda}) - \frac{1}{2\mu_0}\eta^{\mu\kappa}\,F^{\nu\lambda}\partial_\kappa F_{\nu\lambda}$$

$$= -\frac{1}{\mu_0}\eta^{\mu\kappa}\,\partial_\lambda(F_{\kappa\nu}F^{\nu\lambda}) - \frac{1}{4\mu_0}\eta^{\mu\kappa}\,\partial_\kappa(F_{\nu\lambda}F^{\nu\lambda})$$

$$= -\frac{1}{\mu_0}\eta^{\mu\kappa}\,\partial_\lambda\left(F_{\kappa\nu}F^{\nu\lambda} + \frac{1}{4}\delta^\lambda_\kappa F_{\nu\iota}F^{\nu\iota}\right)$$

$$= -\partial_\lambda T^{\mu\lambda} \quad . \qquad\qquad (7.43)$$

Die Minkowski-Kraftdichte k^μ läßt sich somit als die negative Divergenz eines Tensors $T^{\mu\lambda}$ mit

$$T^{\mu\lambda} = \frac{1}{\mu_0}\eta^{\mu\kappa}\left(F_{\kappa\nu}F^{\nu\lambda} + \frac{1}{4}\delta^\lambda_\kappa F_{\nu\iota}F^{\nu\iota}\right)$$

$$= -\frac{1}{\mu_0}\left(\eta^{\mu\kappa}\,F_{\kappa\nu}F^{\lambda\nu} - \frac{1}{4}\eta^{\mu\lambda}F_{\nu\kappa}F^{\nu\kappa}\right) \quad , \qquad\qquad (7.44)$$

des sogenannten Energie-Impuls-Tensors, schreiben. Formt man (7.44) noch etwas um, in dem man die Indizes von $F_{\kappa\nu}$ nach oben zieht, so erhält man

$$T^{\mu\lambda} = -\frac{1}{\mu_0}\left(\eta_{\nu\kappa}\,F^{\mu\kappa}F^{\lambda\nu} - \frac{1}{4}\eta^{\mu\lambda}F_{\nu\kappa}F^{\nu\kappa}\right) \quad ,$$

woran man sofort ablesen kann, daß der Tensor $\{T^{\mu\lambda}\}$ symmetrisch ist.

Wir drücken die Komponenten von $\{T^{\mu\lambda}\}$ duch die Komponenten der Feldvektoren aus, um die Bedeutung der $T^{\mu\lambda}$ zu erkennen. Eine elementare Rechnung ergibt für die Zeit-Zeit-Komponente:

$$T^{00} = \frac{1}{2}\left(\varepsilon_0 \boldsymbol{E}^2 + \frac{1}{\mu_0}\boldsymbol{B}^2\right) = u \quad . \qquad\qquad (7.45\text{a})$$

Die elektromagnetische Energiedichte u ist also die 0-0-Komponente des Energie-Impuls-Tensors. Damit ist ihr Transformationsverhalten bei Lorentz-Transformationen bestimmt. Für die Raum-Zeit-Komponenten ($j = 1, 2, 3$) findet man:

$$
\begin{aligned}
T^{0j} = T^{j0} &= -\frac{1}{c\mu_0}\,(\boldsymbol{B} \times \boldsymbol{E})^j = \frac{1}{c}\,(\boldsymbol{E} \times \boldsymbol{H})^j \\
&= \frac{1}{c}\,S^j = c\,\pi^j \quad .
\end{aligned}
\tag{7.45b}
$$

Dabei ist $\boldsymbol{S}$ die Energiestromdichte (der Poynting-Vektor) und $\boldsymbol{\pi}$ die Impulsdichte. Für die Raum-Raum-Komponenten ($i, j = 1, 2, 3$) ergibt sich schließlich:

$$
\begin{aligned}
T^{ii} &= -\varepsilon_0 (E^i)^2 - \frac{1}{\mu_0}(B^i)^2 + \frac{1}{2}\left(\varepsilon_0 \boldsymbol{E}^2 + \frac{1}{\mu_0}\boldsymbol{B}^2\right) \\
T^{ij} = T^{ji} &= -\varepsilon_0 E^i E^j - \frac{1}{\mu_0} B^i B^j \quad , \quad i \neq j \quad .
\end{aligned}
\tag{7.45c}
$$

Wir fassen jetzt die physikalische Bedeutung der einzelnen Komponenten von $\{T^{\mu\lambda}\}$ zusammen:

1. Die 0-0-Komponente ist die elektromagnetische Energiedichte u.

2. Die 0-j-Komponenten ($j = 1, 2, 3$) sind $(1/c)\boldsymbol{S} =$ $(1/c) \cdot$ Energiestromdichte.

3. Die j-0-Komponenten ($j = 1, 2, 3$) sind $(1/c)\boldsymbol{S} = c\boldsymbol{\pi} =$ $c \cdot$ Impulsdichte, wobei die Impulsdichte $\boldsymbol{\pi}$ über $\boldsymbol{S} = c^2\boldsymbol{\pi}$ mit dem Poynting-Vektor $\boldsymbol{S}$ zusammenhängt.

4. Die Raum-Raum-Komponenten sind genau der negative Maxwellsche Spannungstensor. Sie ergeben den Druck des elektromagnetischen Feldes, bzw. über

$$
K_x = -\int (T_{xx} n_x + T_{yx} n_y + T_{zx} n_z)\, df \, , \qquad (\boldsymbol{n}\, df = \boldsymbol{df})
$$

usw. die durch eine Fläche hindurch übertragene Kraft.

Somit schreibt sich der Energie-Impuls-Tensor:

$$
T^{\mu\lambda} = \left(
\begin{array}{c|c}
u & (1/c)\boldsymbol{S} \\
\hline
c\boldsymbol{\pi} & \begin{array}{c} - \text{Maxwellscher} \\ \text{Spannungs-} \\ \text{tensor} \end{array}
\end{array}
\right) \quad .
\tag{7.46}
$$

Der Energie-Impuls-Tensor ist von fundamentaler Bedeutung. Genauso wie für das elektromagnetische Feld läßt sich auch in der Mechanik ein analog aufgebauter Tensor finden. Diese Tensoren spielen in der Allgemeinen Relativitätstheorie eine zentrale Rolle.

Erhaltungsgrößen

Falls keine Ladungen vorhanden sind, ist die Kraftdichte $k^\mu = 0$. Also gilt für das Feld allein:

$$\partial_\lambda T^{\mu\lambda} = 0 \quad . \tag{7.47}$$

Für $\mu = 0, 1, 2, 3$, erhält man

$$\frac{\partial T^{\mu 0}}{\partial ct} + \frac{\partial T^{\mu 1}}{\partial x} + \frac{\partial T^{\mu 2}}{\partial y} + \frac{\partial T^{\mu 3}}{\partial z} = 0 \quad \text{bzw.}$$

$$\frac{\partial T^{\mu 0}}{\partial ct} + \operatorname{div} \boldsymbol{T}^\mu = 0 \quad \text{mit} \quad \boldsymbol{T}^\mu = (T^{\mu 1}, T^{\mu 2}, T^{\mu 3}) \quad , \tag{7.48}$$

also vier Kontinuitätsgleichungen. Für $j = 1, 2, 3$ ergibt Gleichung (7.48) mit $T^{j0} = c\pi^j$

$$\operatorname{div}\boldsymbol{T}^j + \frac{\partial \pi^j}{\partial t} = 0 \quad . \tag{7.49}$$

Wir integrieren Gleichung (7.49) über ein Volumen V

$$\int \operatorname{div} \boldsymbol{T}^j \, dV = -\frac{\partial}{\partial t} \int \pi^j \, dV \tag{7.50}$$

und wenden den Gaußschen Satz

$$\int \operatorname{div} \boldsymbol{T}^j \, dV = \int \boldsymbol{T}^j \, d\boldsymbol{F} \tag{7.51}$$

an. Wählen wir das Volumen V so groß, daß $\boldsymbol{E}$ und $\boldsymbol{B}$ auf der Hüllfläche F verschwinden, dann ist

$$\int \boldsymbol{T}^j \, d\boldsymbol{F} = 0 \quad . \tag{7.52}$$

Ferner ist

$$\int \boldsymbol{\pi} \, dV = \boldsymbol{p} \tag{7.53}$$

der Gesamtimpuls des im Volumen V befindlichen elektromagnetischen Feldes. Damit folgt aus (7.50) bis (7.53)

$$\frac{\partial}{\partial t}\,\boldsymbol{p} \;=\; 0 \quad , \tag{7.54}$$

also Impulserhaltung $\boldsymbol{p} = \mathrm{const.}$. Die nullte Gleichung ($\mu = 0$) von (7.48)

$$\frac{\partial u}{\partial ct} + \frac{1}{c}\,\mathrm{div}\,\boldsymbol{S} \;=\; 0 \qquad \text{bzw.} \qquad \mathrm{div}\,\boldsymbol{S} + \frac{\partial u}{\partial t} \;=\; 0 \tag{7.55}$$

zusammen mit $\int \mathrm{div}\,\boldsymbol{S}\,dV = \int \boldsymbol{S}\,d\boldsymbol{F} = 0$ und $\int u\,dV = E$ liefert völlig analog die Energieerhaltung

$$\frac{\partial}{\partial t}\,E \;=\; 0 \quad , \tag{7.56}$$

d.h., die Gesamtenergie E des elektromagnetischen Feldes im Volumen V ist konstant. Aus dem Energie-Impuls-Tensor (7.46) sieht man auch, daß

$$\frac{1}{c}\int T^{00}\,dV \;=\; \frac{1}{c}\int u\,dV \;=\; \frac{1}{c}\,E \;=\; p^0 \quad \text{und}$$

$$\frac{1}{c}\int T^{j0}\,dV \;=\; \int \pi^j\,dV \;=\; p^j \quad ,$$

also

$$\frac{1}{c}\int T^{\mu 0}\,dV \;=\; p^\mu \tag{7.57}$$

den Energie-Impuls-Vektor ergibt.

Der in der Mechanik in analoger Weise z.B. für Systeme von Punktmassen oder Flüssigkeiten eingeführte Energie-Impuls-Tensor besitzt ebenfalls die Eigenschaft, daß seine Divergenzfreiheit die Energie- und Impulserhaltung für das mechanische System ohne äußere Kräfte ergibt. Sind zwischen dem mechanischen System und dem elektromagnetischen Feld Wechselwirkungen vorhanden, etwa dadurch, daß die Teilchen geladen sind, dann liefert das Verschwinden der Divergenz der Summe der beiden Energie-Impuls-Tensoren die Erhaltung der Gesamtenergie und des Gesamtimpulses der Teilchen und des Feldes.

7.9 Elektromagnetische Wellen

Als ein Anwendungsbeispiel für die relativistische Formulierung der Elektrodynamik wollen wir in diesem Abschnitt elektromagnetische Wellen im Vakuum betrachten. Dabei ergeben sich auf elegante Weise die korrekten Beziehungen für den Doppler-Effekt und die Aberration.

Die ebene linear polarisierte Vakuumwelle

Eine ebene linear polarisierte elektromagnetische Welle mit der Kreisfrequenz ω und der Wellenlänge λ, die sich in k-Richtung ausbreitet, wird mathematisch durch ein Vektorpotential der Form

$$A = A_0 \, e^{i(k \cdot r - \omega t)} \tag{7.58}$$

beschrieben, wobei k der Wellenzahlvektor ist und den Betrag

$$k = \frac{\omega}{c} = \frac{2\pi}{\lambda} \tag{7.59}$$

hat. (Es sei daran erinnert, daß die Welle natürlich reell und nicht komplex ist. Die Formulierung mit $e^{i(k \cdot r - \omega t)}$ anstelle von $\cos(k \cdot r - \omega t)$ ist lediglich mathematisch bequemer und nur bei linearen Operationen erlaubt, bei denen sich Real- und Imaginärteil nicht vermischen. Will man beispielsweise in A quadratische Ausdrücke berechnen, muß man zuvor auf den Realteil übergehen, sonst erhält man falsche Ergebnisse.) Für die elektromagnetischen Felder ergibt sich dann aus den Maxwell-Gleichungen:

$$E = -\dot{A} = i\omega A = i\omega A_0 \, e^{i(k \cdot r - \omega t)} \tag{7.60a}$$
$$B = \mathrm{rot}\, A = ik \times A = i(k \times A_0) \, e^{i(k \cdot r - \omega t)} \tag{7.60b}$$

(Die E- und B-Welle sind gleichphasig, aber gegenüber der A-Welle um $\pi/2$ phasenverschoben.)

Wir betrachten die Phase ψ der Welle

$$\psi = k \cdot r - \omega t = k_x x + k_y y + k_z z - \frac{\omega}{c} ct = -\eta_{\mu\nu} k^\mu x^\nu \tag{7.61}$$

mit der vierkomponentigen Größe

$$(k^\mu) = ((\omega/c), k_x, k_y, k_z) \quad .$$

Die Phase ψ ist ein Lorentz-Skalar, sie ist invariant gegenüber Lorentz-Transformationen, denn die Aussage z.B. $\psi = 0$ oder $\psi = m\,2\pi$ mit $(m = 1, 2, ...)$ an einem bestimmten Weltpunkt ist unabhängig vom Bewegungszustand des Beobachters, sie gilt also in jedem Bezugssystem. Da $\{x^\mu\}$ ein beliebiger Vierer-Vektor und $\eta_{\mu\nu}k^\mu x^\nu = \psi$ ein Lorentz-Skalar ist, folgt damit, daß $\{k^\mu\}$ ebenfalls ein Vierer-Vektor ist (s. Abschnitt 5.2); er heißt vierdimensionaler Wellenzahlvektor. Damit ist das Transformationsverhalten von k^μ bekannt. Durch Multiplikation mit $\hbar$ erhält man aus dem Wellenzahlvektor den Energie-Impuls-Vektor der elektromagnetischen Welle:

$$\hbar\{k^\mu\} = \{(1/c)\hbar\omega, \hbar\boldsymbol{k}\} = \{(1/c)E, \boldsymbol{p}\} = \{p^\mu\} \ , \tag{7.62}$$

Für den Betrag von $\{k^\mu\}$ ergibt sich

$$\eta_{\mu\nu}\,k^\mu\,k^\nu = \frac{\omega^2}{c^2} - k_x^2 - k_y^2 - k_z^2 = \frac{\omega^2}{c^2} - k^2 = 0 \ . \tag{7.63}$$

Da $\boldsymbol{k}$ ein beliebiger Vektor sein kann, ist mit $\boldsymbol{v} = (v, 0, 0)$ bereits der allgemeine Fall erfaßt; $\boldsymbol{k}$ und $\boldsymbol{v}$ können einen beliebigen Winkel ϑ einschließen (vgl. Bild 7.2).

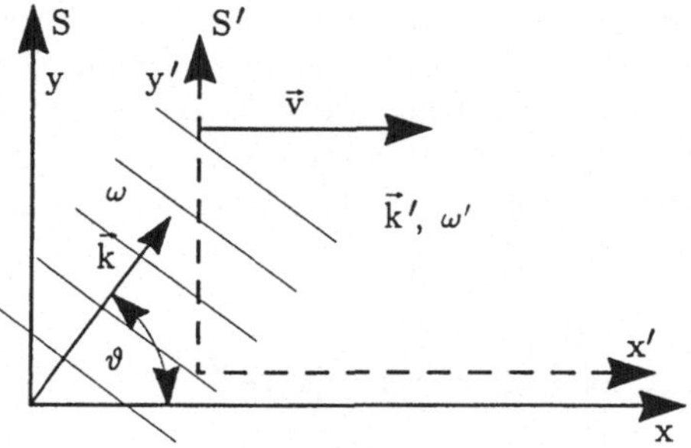

Bild 7.2 Lorentz-Transformation einer ebenen Welle

Die Komponenten des Wellenzahlvektors $\{k^\mu\}$ im System K' berechnen sich mit Hilfe einer Lorentz-Transformation zu:

$$k^{0'} = \frac{k^0 - \beta k^1}{\sqrt{1 - \beta^2}}, \ k^{1'} = \frac{-\beta k^0 + k^1}{\sqrt{1 - \beta^2}}, \ k^{2'} = k^2, \ k^{3'} = k^3 \tag{7.64}$$

bzw.

$$\omega' = \frac{\omega - vk_x}{\sqrt{1 - \beta^2}}, \; k'_x = \frac{-\beta\omega/c + k_x}{\sqrt{1 - \beta^2}}, \; k'_y = k_y, \; k'_z = k_z. \qquad (7.65)$$

Aus den Tansformationsgleichungen (7.65) folgen sofort der Doppler-Effekt und die Aberration.

Der Doppler-Effekt

Wir führen noch den Einheitsvektor n in k-Richtung ein

$$k = (\omega/c)\, n = (\omega/c)\, (n_x, n_y, n_z) \quad .$$

Damit schreibt sich der Zusammenhang zwischen ω' und ω, die Doppler-Formel, wie folgt:

$$\omega' = \omega\, \frac{1 - \beta n_x}{\sqrt{1 - \beta^2}} \quad . \qquad (7.66)$$

Dieses recht einfach gewonnene Ergebnis ist ein Beispiel für die Eleganz der Viererschreibweise in der Relativitätstheorie. Gleichung (7.66) beschreibt den Doppler-Effekt für eine beliebige Bewegungsrichtung.

Der longitudinale Doppler-Effekt

Die Formel für den longitudinalen Doppler-Effekt erhält man aus (7.66) für

$$n_x = \pm 1 \quad ,$$

d.h., der Beobachter bewegt sich in Ausbreitungsrichtung der Welle oder entgegengesetzt zu ihr. Für ω' ergibt sich

$$\omega' = \omega\, \frac{1 \mp \beta}{\sqrt{(1 - \beta)(1 + \beta)}} = \omega\, \sqrt{\frac{1 \mp \beta}{1 \pm \beta}} \quad . \qquad (7.67)$$

Die Doppler-Formel ist symmetrisch bezüglich $\omega \to \omega'$ und $n_x \to -n_x$, also beim Vertauschen der beiden Systeme „Sender-Empfänger". Für $v \ll c$ erhält man in niedrigster Ordnung

$$\omega' \approx \omega\,(1 \mp \beta) \quad ;$$

der longitudinale Doppler-Effekt ist linear in β. In dieser Ordnung ist die Rot- und Blauverschiebung in Spektren direkt proportional zur Relativgeschwindigkeit v

$$\frac{\Delta\omega}{\omega} = \frac{\omega' - \omega}{\omega} = \mp\frac{v}{c} \tag{7.68a}$$

$$\frac{\Delta\lambda}{\lambda} = \frac{\lambda' - \lambda}{\lambda} = \pm\frac{v}{c} \quad . \tag{7.68b}$$

Indem man (7.67) nach β auflöst, findet man den für beliebige Relativgeschwindigkeiten gültigen Zusammenhang

$$\pm\frac{v}{c} = \frac{\Delta\lambda}{\lambda}\frac{2 + \frac{\Delta\lambda}{\lambda}}{2 + 2\frac{\Delta\lambda}{\lambda} + \left(\frac{\Delta\lambda}{\lambda}\right)^2} \tag{7.68c}$$

zwischen β und $\frac{\Delta\lambda}{\lambda}$. Dabei besagt das Vorzeichen von $\frac{\Delta\lambda}{\lambda}$ (Rot- oder Blauverschiebung, bzw. oberes oder unteres Vorzeichen in (7.68)), ob sich die Quelle von uns entfernt oder auf uns zu bewegt.

Der transversale Doppler-Effekt

Die Formel für den transversalen Doppler-Effekt, bei dem sich der Beobachter oder die Lichtquelle senkrecht zur Ausbreitungsrichtung bewegt ($v \perp k$), erhält man aus (7.66) für $n_x = 0$:

$$\omega' = \omega\frac{1}{\sqrt{1 - \beta^2}} \approx \omega\left(1 + \frac{1}{2}\beta^2 + \cdots\right) \quad . \tag{7.69}$$

Dies ist ein rein relativistischer Effekt. Im bewegten System wird genau der Zeitdilatationsfaktor berücksichtigt, um den die bewegten Uhren beim Messen der Frequenz langsamer gehen.

Der transversale Doppler-Effekt ist quadratisch in β und daher – im Gegensatz zum longitudinalen – sehr klein und kaum zu messen. Zusätzlich muß berücksichtigt werden, daß bei einer experimentellen Anordnung zur Messung des transversalen Effekts der Beobachter sich genau senkrecht zur Lichtquelle bewegt, da sonst die longitudinale Komponente den transversalen Effekt überdeckt. Beispielsweise bewegt sich die Erde im Aphel (sonnenfernster Punkt) und im Perihel (sonnennächster Punkt) senkrecht zur Verbindungslinie Sonne-Erde. Allerdings liegt für die Bahngeschwindigkeit der Erde von 30 km/s ($\beta \approx 10^{-4}$)

$$\frac{\Delta\omega}{\omega} \approx \frac{1}{2}\beta^2 \approx 0,5 \cdot 10^{-8}$$

unterhalb der Meßgenauigkeit. Die Wellenlänge für blaues Licht ($\lambda = 400\,\text{nm}$) verschiebt sich nur um $2 \cdot 10^{-6}\,\text{nm}$.

Um zu veranschaulichen, wie sich der relativistische Doppler-Effekt aus einem rein kinematischen und einem relativistischen Faktor zusammensetzt, betrachten wir noch einmal eine beliebige Wellenausbreitung $e^{i(\boldsymbol{k}\cdot\boldsymbol{r}-\omega t)}$ mit $\boldsymbol{k} = (\omega/v_w)\boldsymbol{n}$, wobei $v_w = \nu\,\lambda$ die Phasengeschwindigkeit der Welle ist. Damit lautet die Doppler-Formel mit (7.65)

$$\omega' = \frac{\omega - v k_x}{\sqrt{1-\beta^2}} = \omega\,\frac{1 - (v/v_w)\,n_x}{\sqrt{1-\beta^2}}\quad. \tag{7.70}$$

Der Faktor $1 - (v/v_w)\,n_x$ entspricht einem rein kinematischen Doppler-Effekt. Das zeigt folgende Überlegung:

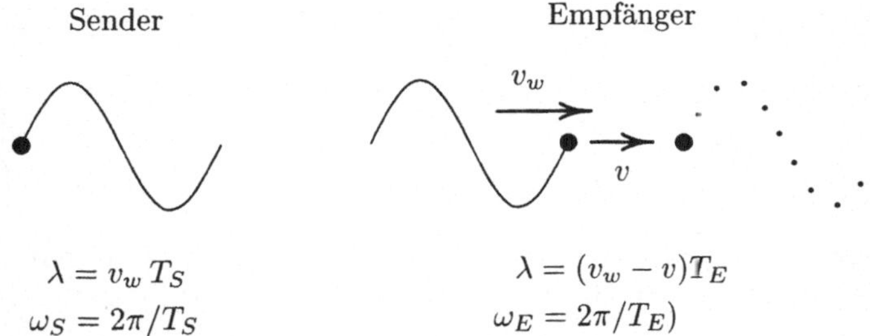

Ein Sender S sendet eine Welle aus mit $\lambda = v_w T_S$ und $\omega_S = 2\pi/T_S$. Diese Welle läuft über einen zu S mit der Geschwindigkeit v bewegten Empfänger in der Zeit $T_E = \lambda/(v_w - v)$ hinweg, da sich der Empfänger in dieser Zeit um den Weg $v\,T_E$ weiterbewegt hat. In diesem Fall erfolgt die Subtraktion der Geschwindigkeiten natürlich nicht nach dem Einsteinschen Additionstheorem für Geschwindigkeiten, da es sich um die Differenz zweier im Labor gemessener Geschwindigkeiten handelt. Damit ist

$$\omega_E = \frac{2\pi}{T_E} = \frac{2\pi}{\lambda}(v_w - v) \tag{7.71}$$

$$= \frac{2\pi v_w}{\lambda}\left(1 - \frac{v}{v_w}\right) = \omega_S\left(1 - \frac{v}{v_w}\right)\quad.$$

Zu Herleitung dieser Beziehung wurden keine Kenntnisse aus der Relativitätstheorie herangezogen. Erst, wenn man den relativistischen Effekt, nämlich die Zeitdilatation („bewegte Uhren gehen langsamer") mitberücksichtigt, erhält man den Faktor $1/\sqrt{1-\beta^2}$ und damit die korrekte relativistische Doppler-Formel.

Die Aberration

Bisher haben wir nur das Transformationsverhalten der Zeit-Komponente des Wellenzahlvektors $\{k^\mu\}$ betrachtet und daraus die Doppler-Formel abgeleitet. Wir wollen nun auch die Raum-Komponenten untersuchen. Ihr Transformationsverhalten (7.65) gibt Auskunft über die Richtungsänderung eines Lichtstrahls beim Übergang von einem Koordinatensystem in ein anderes relativ dazu bewegtes System. Diese Richtungsänderung des Lichtes bezeichnet man als Aberration (siehe Abschnitt 2.3). Betrachten wir speziell eine ebene Lichtwelle, die senkrecht zur Bewegungsrichtung einfällt:

$$\{k^\mu\} \;=\; \{(\omega/c), k_x, k_y, k_z\} \;=\; \{k, 0, 0, -k\} \quad . \tag{7.72}$$

Damit wird im bewegten System

$$k_x' \;=\; \frac{-\beta k}{\sqrt{1-\beta^2}}\, , \quad k_y' \;=\; k_y \;=\; 0\, , \quad k_z' \;=\; k_z \;=\; -k \quad . \tag{7.73}$$

Für einen bewegten Beobachter erscheint also die Wellenfront um den Winkel α gekippt, der sich aus

$$\tan\alpha \;=\; \frac{k_x'}{k_z'} \;=\; \frac{\beta}{\sqrt{1-\beta^2}} \tag{7.74}$$

ergibt. Im nichtrelativistischen Grenzfall der klassischen Aberration ($\beta \ll 1$) ist

$$\tan\alpha_{\mathrm{n.r.}} \;=\; \frac{v}{c} \;=\; \beta \quad . \tag{7.75}$$

Die anschauliche Erklärung dieses Effekts sowie seine Auswirkungen auf die Sternpositionen aufgrund des Erdumlaufs um die Sonne haben wir in Abschnitt 2.3 ausführlich diskutiert. Erwähnt sei noch, daß natürlich auch die Erdrotation eine Aberration verursacht. Sie ist am Erdäquator (Umfangsgeschwindigkeit = 465 m/s) mit 0,32″ am größten und nimmt bis zu den Polen hin auf Null ab. Diese kleine tägliche Aberration überlagert sich den jährlichen Aberrationsellipsen.

7.10 Erweiterung für magnetisierbare und polarisierbare Materie

Die Maxwell-Gleichungen mit Materie in vierdimensionaler Schreibweise

Durch Differentiation des Feldstärkentensors $\{F^{\mu\nu}\}$ erhält man den Vierer-Vektor $\partial_\nu F^{\mu\nu}$ mit der

Zeit-Komponente $\qquad -\dfrac{1}{c}\,\mathrm{div}\,\boldsymbol{E}\qquad$ und den

Raum-Komponenten $\qquad \dfrac{1}{c^2}\dfrac{\partial \boldsymbol{E}}{\partial t} - \mathrm{rot}\,\boldsymbol{B}\qquad$.

Die Erregungsgleichungen mit Materie lauten

$$\mathrm{rot}\,\boldsymbol{H} - \frac{\partial \boldsymbol{D}}{\partial t} = \boldsymbol{j} \tag{7.76a}$$

$$c\,\mathrm{div}\,\boldsymbol{D} = c\,\varrho \quad . \tag{7.76b}$$

Diese Ähnlichkeit legt es nahe, im Feldstärkentensor $\{F^{\mu\nu}\}$ die Größe $\boldsymbol{B}$ durch $\boldsymbol{H}$ und $(1/c)\,\boldsymbol{E}$ durch $c\,\boldsymbol{D}$ zu ersetzen. Auf diese Weise erhalten wir eine (4×4)-komponentige Größe der Form

$$\{H^{\mu\nu}\} \equiv \begin{pmatrix} 0 & -c\,D_x & -c\,D_y & -c\,D_z \\ & 0 & -H_z & H_y \\ -\,\text{oben} & & 0 & -H_x \\ & & & 0 \end{pmatrix} \quad . \tag{7.77}$$

Bilden wir damit $\partial_\nu H^{\mu\nu}$, so ergibt dies für die

Zeit-Komponente $\qquad -c\,\mathrm{div}\,\boldsymbol{D}\qquad$ und für die

Raum-Komponenten $\qquad \dfrac{\partial \boldsymbol{D}}{\partial t} - \mathrm{rot}\,\boldsymbol{H}\qquad$.

Damit schreiben sich die Erregungsgleichungen

$$\partial_\nu H^{\mu\nu} = -\,j^\mu \quad . \tag{7.78}$$

Da $\{\partial_\mu\}$ und $\{j^\mu\}$ beliebige Vierer-Vektoren sind, folgt aus (7.78), daß $\{H^{\mu\nu}\}$ ein Vierer-Tensor ist. Damit ist dann auch schon das Transformationsverhalten der Felder $\boldsymbol{H}$ und $\boldsymbol{D}$ bestimmt. Die inneren Feldgleichungen enthalten keine Materiegrößen und bleiben daher unverändert. Die Felder $\boldsymbol{E}$ und $\boldsymbol{D}$ sowie $\boldsymbol{B}$ und $\boldsymbol{H}$ hängen über die Verknüpfungsgleichungen (7.2)

$$D = \varepsilon_0 E + P$$

$$B = \mu_0 H + M$$

mit der Polarisation P und der Magnetisierung M der Materie zusammen. Nach P und M aufgelöst

$$P = D - \varepsilon_0 E$$

$$M = B - \mu_0 H$$

können wir diese Gleichungen sofort vierdimensional umschreiben. Wir bilden dazu

$$P^{\mu\nu} \equiv F^{\mu\nu} - \mu_0 H^{\mu\nu} \quad . \tag{7.79}$$

$\{P^{\mu\nu}\}$ ist als Differenz zweier Vierer-Tensoren wieder ein Vierer-Tensor, also:

$$\{P^{\mu\nu}\} =$$

$$\begin{pmatrix} 0 & \sqrt{\frac{\mu_0}{\varepsilon_0}}(D_x - \varepsilon_0 E_x) & \sqrt{\frac{\mu_0}{\varepsilon_0}}(D_y - \varepsilon_0 E_y) & \sqrt{\frac{\mu_0}{\varepsilon_0}}(D_z - \varepsilon_0 E_z) \\ & 0 & -(B_z - \mu_0 H_z) & (B_y - \mu_0 H_y) \\ -\text{oben} & & 0 & -(B_x - \mu_0 H_x) \\ & & & 0 \end{pmatrix}$$

$$= \begin{pmatrix} 0 & \sqrt{\frac{\mu_0}{\varepsilon_0}} P_x & \sqrt{\frac{\mu_0}{\varepsilon_0}} P_y & \sqrt{\frac{\mu_0}{\varepsilon_0}} P_z \\ & 0 & -M_z & M_y \\ -\text{oben} & & 0 & -M_x \\ & & & 0 \end{pmatrix} \quad . \tag{7.80}$$

Der Vierer-Tensor $\{P^{\mu\nu}\}$ heißt der Polarisations- oder Momententensor. Die Vektoren M und P transformieren sich also auch nicht unabhängig voneinander, sondern wie die Komponenten eines Vierer-Tensors.

Zusammenstellung der Maxwell-Gleichungen mit magnetisierbarer und polarisierbarer Materie:

$$\partial_\lambda F_{\mu\nu} + \partial_\mu F_{\nu\lambda} + \partial_\nu F_{\lambda\mu} = 0 \quad \text{Innere Feldgleichungen} \tag{7.26}$$

$$\partial_\nu H^{\mu\nu} = -j^\mu \quad \text{Erregungsgleichungen} \tag{7.78}$$

$$F^{\mu\nu} - \mu_0 H^{\mu\nu} = P^{\mu\nu} \quad \text{Verknüpfungsgleichungen} \tag{7.79}$$

Die Magnetisierung M und die Polarisierung P

Wir haben gezeigt, daß sich M und P nicht unabhängig voneinander transformieren, sondern wie die Komponenten eines Vierer-Tensors, nämlich des Momententensors. Bewegt sich speziell K' mit v in x-Richtung, so gilt nach der Lorentz-Transformation für die einzelnen Komponenten von $\{P^{\mu\nu}\}$:

$$P'_x = P_x$$
$$P'_y = \frac{1}{\sqrt{1-\beta^2}}\left(P_y + \beta\sqrt{\frac{\varepsilon_0}{\mu_0}}\,M_z\right)$$
$$P'_z = \frac{1}{\sqrt{1-\beta^2}}\left(P_z - \beta\sqrt{\frac{\varepsilon_0}{\mu_0}}\,M_y\right)$$
$$M'_x = M_x \tag{7.81}$$
$$M'_y = \frac{1}{\sqrt{1-\beta^2}}\left(M_y - \beta\sqrt{\frac{\mu_0}{\varepsilon_0}}\,P_z\right)$$
$$M'_z = \frac{1}{\sqrt{1-\beta^2}}\left(M_z + \beta\sqrt{\frac{\mu_0}{\varepsilon_0}}\,P_y\right)\;.$$

Diese Gleichungen beschreiben die gegenseitige Verknüpfung zwischen den beiden dreidimensionalen Vektoren P und M beim Übergang von einem ruhenden zu einem bewegten Beobachter. Ein im Ruhsystem elektrisch polarisierter, jedoch nicht magnetisierter Körper erscheint im bewegten System auch magnetisiert, und umgekehrt hat ein im Ruhsystem nur magnetisierter Körper, von einem bewegten Beobachter aus gesehen, auch eine Polarisierung.

An zwei speziellen Beispielen wollen wir die Erscheinungen noch etwas genauer betrachten, die bei der Bewegung eines polarisierten Dielektrikums bzw. eines Magneten auftreten. Dazu stellen wir uns einen unendlich langen Stab mit quadratischem Querschnitt vor, der sich mit v in x-Richtung bewegt (Bild 7.3).

Im ersten Fall sei er im Ruhsystem K' der Materie lediglich in y'-Richtung polarisiert:

$$\boldsymbol{P}' = (0\,,\,P'_y\,,\,0) \tag{7.82a}$$
$$\boldsymbol{M}' = (0\,,\,0\,,\,0)\;. \tag{7.82b}$$

Mit (7.81) können wir die Transformation vom Ruhsystem K' der Materie auf das Laborsystem K des Beobachters sofort ausführen. (Man

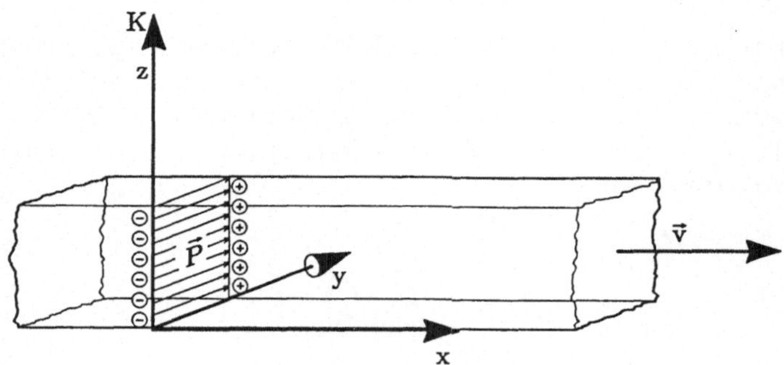

Bild 7.3 Entstehung der Magnetisierung eines bewegten polarisierten Körpers

beachte, daß sich, von K' aus gesehen, das System K mit $-v$ bewegt.)

$$P_x = 0 \ , \qquad\qquad M_x = 0 \ ,$$
$$P_y = \frac{1}{\sqrt{1-\beta^2}}\,P'_y \ , \qquad M_y = 0 \ ,$$
$$M_z = \frac{-\beta}{\sqrt{1-\beta^2}}\,\sqrt{\frac{\mu_0}{\varepsilon_0}}P'_y \ . \tag{7.83}$$
$$P_z = 0 \ ,$$

Die Materie zeigt also im Laborsystem eine homogene Magnetisierung in z-Richtung.

Im zweiten Fall sei er im Ruhsystem K' der Materie nur in z'-Richtung magnetisiert:

$$\boldsymbol{P}' = (0\,,\,0\,,\,0) \tag{7.84a}$$
$$\boldsymbol{M}' = (0\,,\,0\,,\,M'_z) \ . \tag{7.84b}$$

Nach entsprechender Transformation auf das Laborsystem K findet man:

$$P_x = 0 \ , \qquad\qquad M_x = 0 \ ,$$
$$P_y = \frac{-\beta}{\sqrt{1-\beta^2}}\,\sqrt{\frac{\varepsilon_0}{\mu_0}}M'_z \ , \qquad M_y = 0 \ ,$$
$$M_z = \frac{1}{\sqrt{1-\beta^2}}\,M'_z \ , \tag{7.85}$$
$$P_z = 0 \ ,$$

also eine zusätzliche elektrische Polarisation in y-Richtung. Das heißt, ein homogen magnetisierter Körper, etwa ein Stabmagnet, trägt im bewegten Zustand auch eine elektrische Polarisierung. Diese Effekte lassen sich auch anschaulich verstehen:

Eine elektrische Polarisierung führt in Materie zu einem elektrischen Dipolmoment pro Volumen, also zu einer Ladungsverschiebung und damit zu einer Oberflächenladung. Eine Bewegung des Mediums und damit auch dieser Oberflächenladung ergibt dann einen Oberflächenstrom proportional zu v, und dieser Strom wirkt wie eine Magnetisierung des Mediums.

Im zweiten Fall herrscht durch die Magnetisierung M' im Innern der Materie ein $\boldsymbol{B}$-Feld. Bei der Bewegung werden durch die Lorentz-Kraft $e(\boldsymbol{v} \times \boldsymbol{B})$ die positiven und negativen Ladungen, aus denen die Materie aufgebaut ist, nach verschiedenen Seiten hin abgelenkt. Dies geschieht bis zum Kräftegleichgewicht durch das entstehende elektrische Feld, das deshalb – und somit auch die elektrische Polarisation – proportional zu v ist.

Mit diesen anschaulichen Überlegungen kann der relativistische Faktor $1/\sqrt{1 - \beta^2}$ nicht erklärt werden. Dieser Faktor entsteht, wie mehrfach diskutiert, als eine Folge der Lorentz-Kontraktion.

Schon vor der Aufstellung der Relativitätstheorie fand der Effekt, daß ein bewegter Magnet ein elektrisches Feld erzeugt, technische Anwendung im Unipolargenerator (Bild 7.4).

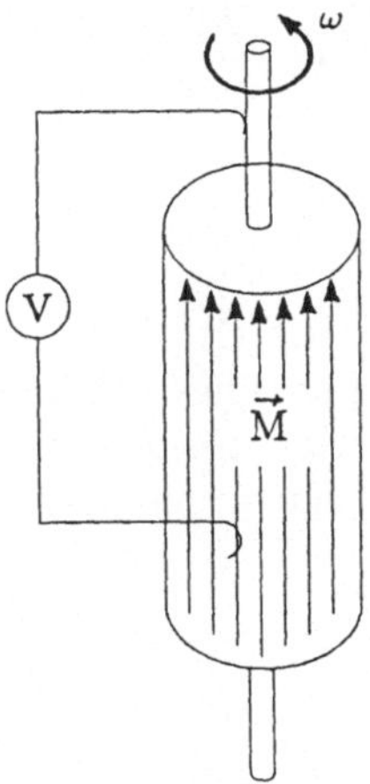

Bild 7.4 Der Unipolargenerator

Er besteht im Prinzip aus einem zylindrischen Eisenkörper, der um seine Achse rotiert und parallel zur Achse magnetisiert ist. Die Rotation des Zylinders bewirkt – analog zum translatorisch bewegten magnetisierten Stab – ein radial zur Achse gerichtetes E-Feld, das eine elektrische Potentialdifferenz zwischen Mantelfläche und Achse erzeugt. Mit Hilfe von Schleifkontakten an der Achse und am Umfang des Zylinders kann eine Gleichspannung abgegriffen werden, die allerdings bei technisch realisierbaren Anordnungen sehr klein ist.

Dies ist ganz anders im Kosmos, wo durch Unipolarinduktion gewaltige Spannungen auftreten können. Eindrucksvolle Beispiele sind die Radiopulsare, isoliert stehende, schnell rotierende und stark magnetisierte Neutronensterne. Solch ein Neutronenstern hat typischerweise eine Masse von 1–2 Sonnenmassen, einen Radius von 10 km und ein Magnetfeld mit einer Feldstärke von 10^8–10^9 Tesla am Pol. Mit diesen Werten führt eine Rotation des Sterns mit 33 Umdrehungen pro Sekunde, wie sie etwa der Radiopulsar im Crabnebel aufweist, zu einer Unipolarinduktionsspannung zwischen Pol und Äquator von 10^{17}–10^{18} Volt! Das dürften die größten Spannungen sein, die im Universum auftreten. Die Umsetzung dieser Potentialdifferenz in kinetische Energie von geladenen Teilchen liefert immerhin Protonen mit 10^{18} eV, wie man sie übrigens tatsächlich in der Kosmischen Strahlung beobachten kann. Als letzter Superlativ sei erwähnt, daß an der Neutronensternoberfläche die durch Unipolarinduktion erzeugte elektrische Feldstärke bis zu 30 000 Volt pro nm beträgt.

7.11 Übungsaufgaben

Aufgabe 7.1.   Berechnen Sie mit Hilfe der Lorentz-Transformation für elektrische und magnetische Felder das E- und B-Feld einer mit konstanter Geschwindigkeit v bewegten Punktladung. Diskutieren Sie das Ergebnis (Feldlinien).

Aufgabe 7.2.   Berechnen Sie die relativistische Bewegung eines Teilchens mit Ruhmasse m_0 und elektrischer Ladung e in homogenen elektrischen und magnetischen Feldern: a) für E parallel zu B, b) für E senkrecht zu B.

Aufgabe 7.3.   Ein Teilchen mit Ruhmasse m_0 und Ladung e wird in einem Koordinatensystem, in dem konstante elektrische und magnetische aufeinander senkrecht stehende Felder E und B vorhanden sind, aus der Ruhe losgelassen.

a) Zeigen Sie, daß für $0 < E < cB$ die Zeit, die vergeht, bevor das Teilchen wieder momentan in Ruhe ist, durch

$$\Delta t = 2\pi (m_0/e)c^3 B^2 (c^2 B^2 - E^2)^{-3/2}$$

gegeben ist.

b) Zeigen Sie, daß sich für $0 < cB < E$ das Teilchen letztlich mit konstanter Eigenbeschleunigung $(e/m_0)(E^2 - c^2 B^2)^{1/2}$ in eine Richtung bewegt, die einen Winkel $\arccos(cB/E)$ mit der Achse einschließt, die auf E und B senkrecht steht.

(Hinweis: Benutzen Sie die Ergebnisse von Aufgabe 7.2)

Aufgabe 7.4.   Elektrisch geladene Teilchen mit der Ladung e und Ruhmasse m_0, die senkrecht zu den Feldlinien in ein homogenes magnetisches Feld B eintreten, beschreiben eine Kreisbahn mit dem Radius r. Zeigen Sie, daß

$$r B = C \frac{\beta}{\sqrt{1 - \beta^2}}$$

gilt, und berechnen Sie die Konstante C. Wovon hängen r und die Bahngeschwindigkeit ab? Berechnen Sie die Umlaufzeit.

8 Relativistische Quantenmechanik

Wir können hier natürlich nicht eine vollständige Abhandlung der relativistischen Quantenmechanik aufrollen. Die Behandlung der Dirac-Gleichung zusammen mit der relativistischen Quantenelektrodynamik ist vom Umfang her bereits für sich allein ein Lehrbuch. Wir wollen hier nur die Grundgedanken darstellen und vor allem aufzeigen, wie die Bedingung der Invarianz gegenüber Lorentz-Transfomationen, also die Forderung der speziellen Relativitätstheorie, auf die Entwicklung Einfluß genommen hat.

8.1 Die relativistische Hamilton-Funktion

Im nichtrelativistischen Fall lautet die Hamilton-Funktion ohne Feld

$$H = \frac{p^2}{2m} \tag{8.1}$$

und mit elektromagnetischem Feld für ein Teilchen mit der Masse m und der Ladung e

$$H = \frac{1}{2m} \left(\boldsymbol{p} - e\,\boldsymbol{A}\right)^2 + e\,\varphi \quad, \tag{8.2}$$

wobei $\boldsymbol{A}$ und φ das Vektor- und Skalarpotential des elektromagnetischen Feldes sind. Der zu $\boldsymbol{r}$ kanonisch konjugierte Impuls $\boldsymbol{p}$ ist nicht mehr $m\boldsymbol{v} = \boldsymbol{p}_{\mathrm{kin}}$, sondern $\boldsymbol{p} = m\boldsymbol{v} + e\boldsymbol{A}$, also

$$\boldsymbol{p}_{\mathrm{kin}} = \boldsymbol{p} - e\,\boldsymbol{A} \quad. \tag{8.3}$$

Mit Hilfe unserer gefundenen Vierer-Größen wollen wir die relativistische Hamilton-Funktion aufstellen. Dabei gilt als Kriterium, daß die gefundene Funktion genau dann die richtige Hamilton-Funktion ist, wenn die kovarianten kanonischen Gleichungen

$$\frac{\partial H}{\partial x^\mu} = -\frac{d}{d\tau}\, p_\mu = -\frac{d}{d\tau}\, \eta_{\mu\nu}\, p^\nu \quad \text{und}$$

$$\frac{\partial H}{\partial p^\mu} = \frac{d}{d\tau}\, x_\mu = \frac{d}{d\tau}\, \eta_{\mu\nu}\, x^\nu \tag{8.4}$$

die richtigen Bewegungsgleichungen liefern.

Für den Fall ohne Feld versuchen wir es mit einer Hamilton-Funktion H, die analog zur nichtrelativistischen Physik mit dem Vierer-Impuls $\{p^\mu\}$ gebildet ist:

$$H = \frac{1}{2m_0}\, \eta_{\mu\nu}\, p^\mu\, p^\nu \quad . \tag{8.5}$$

Die Überprüfung bestätigt unsere Vermutung. Es ist nämlich

$$\frac{\partial H}{\partial x^\mu} = 0 = -\frac{d}{d\tau}\, p_\mu = -\eta_{\mu\nu}\, \frac{d}{d\tau}\, p^\nu \qquad \text{und}$$

$$\frac{\partial H}{\partial p^\mu} = \frac{1}{m_0}\, \eta_{\mu\nu}\, p^\nu = \eta_{\mu\nu}\, u^\nu = \eta_{\mu\nu}\, \frac{d}{d\tau}\, x^\nu \quad .$$

Für den Fall mit elektromagnetischem Feld ersetzen wir p^μ durch

$$p^\mu_{\text{kin}} = p^\mu - e\,\Phi^\mu \tag{8.6}$$

und erhalten

$$H = \frac{1}{2m_0}\, \eta_{\mu\nu}\, (p^\mu - e\,\Phi^\mu)\,(p^\nu - e\,\Phi^\nu) \quad . \tag{8.7}$$

Auch dieser Versuch kann durch die kanonischen Gleichungen bestätigt werden:

$$\frac{\partial H}{\partial p^\mu} = \frac{1}{m_0}\eta_{\mu\nu}(p^\nu - e\Phi^\nu) = \frac{1}{m_0}\eta_{\mu\nu}p^\nu_{\text{kin}} = \eta_{\mu\nu}u^\nu = \eta_{\mu\nu}\frac{dx^\nu}{d\tau}$$

$$\frac{\partial H}{\partial x^\mu} = \frac{1}{m_0}\eta_{\lambda\nu}(p^\nu - e\Phi^\nu)(-e)\frac{\partial \Phi^\lambda}{\partial x^\mu} = -\frac{e}{m_0}\eta_{\lambda\nu}p^\nu_{\text{kin}}\frac{\partial \Phi^\lambda}{\partial x^\mu}$$

$$= -e\left(\frac{\partial \Phi_\nu}{\partial x^\mu} - \frac{\partial \Phi_\mu}{\partial x^\nu} + \frac{\partial \Phi_\mu}{\partial x^\nu}\right) u^\nu$$

$$= -e\left(\frac{\partial \Phi_\nu}{\partial x^\mu} - \frac{\partial \Phi_\mu}{\partial x^\nu}\right) u^\nu - e\frac{\partial \Phi_\mu}{\partial x^\nu}\frac{dx^\nu}{d\tau}$$

$$= -eF_{\mu\nu}u^\nu - e\frac{d\Phi_\mu}{d\tau} = -\eta_{\mu\nu}\frac{d}{d\tau}(p^\nu_{\text{kin}} + e\Phi^\nu) = -\eta_{\mu\nu}\frac{d}{d\tau}p^\nu .$$

Sie ergeben die richtige vierdimensionale Bewegungsgleichung eines geladenen Teilchens im elektromagnetischen Feld (siehe Gleichung (7.36)). Damit ist die vierdimensionale Hamilton-Funktion gefunden:

$$H = \frac{1}{2m_0}\eta_{\mu\nu}(p^\mu - e\Phi^\mu)(p^\nu - e\Phi^\nu) = \frac{1}{2}m_0\eta_{\mu\nu}u^\mu u^\nu = \frac{1}{2}m_0c^2. \quad (8.8)$$

Sie ist ein Lorentz-Skalar. Ferner lautet, ganz analog zum nichtrelativistischen Fall, der zu x^μ kanonisch konjugierte Vierer-Impuls

$$\{p^\mu\} = \{p^\mu_{\text{kin}} + e\,\Phi^\mu\} = \{\tfrac{1}{c}(E + e\,\varphi),\, \boldsymbol{p}_{\text{kin}} + e\boldsymbol{A}\}\quad, \quad (8.9)$$

denn es ist

$$\{p^\mu_{\text{kin}}\} = \{\tfrac{1}{c}E,\, \boldsymbol{p}_{\text{kin}}\} \quad \text{und} \quad \{\Phi^\mu\} = \{\tfrac{1}{c}\varphi,\, \boldsymbol{A}\}\quad.$$

Wir wollen jetzt noch die relativistische Hamilton-Funktion $\mathcal{H}$ für dreidimensionale Größen bestimmen. Die Vermutung liegt nahe, daß $\mathcal{H}$ die Gesamtenergie

$$\mathcal{H} = E_{\text{ges}} = E + E_{\text{pot}} = E + e\,\varphi$$

ist und der kanonische Vierer-Impuls sich damit schreiben läßt:

$$\{p^\mu\} = \{\tfrac{1}{c}\mathcal{H},\, \boldsymbol{p}\}\quad. \quad (8.10)$$

Aus Gleichung (8.8) folgt

$$\eta_{\mu\nu}(p^\mu - e\,\Phi^\mu)(p^\nu - e\,\Phi^\nu) - m_0^2c^2 = 0 \quad (8.11)$$

und somit

$$\tfrac{1}{c^2}(\mathcal{H} - e\,\varphi)^2 - (\boldsymbol{p} - e\,\boldsymbol{A})^2 - m_0^2c^2 = 0\quad.$$

Dies ergibt nach $\mathcal{H}$ aufgelöst:

$$\mathcal{H} = c\sqrt{(\boldsymbol{p} - e\boldsymbol{A})^2 + m_0^2c^2} + e\,\varphi\quad. \quad (8.12)$$

Dies ist tatsächlich die korrekte relativistische „dreidimensionale" Hamilton-Funktion für die Bewegung eines Teilchens der Ladung e und der Masse m_0 in einem durch die Potentiale $\boldsymbol{A}$ und φ beschriebenen elektromagnetischen Feld. Man findet durch einfaches Nachrechnen, daß aus dieser Hamilton-Funktion über die kanonischen Gleichungen die richtigen dreidimensionalen relativistischen Bewegungsgleichungen folgen.

8.2 Der Übergang zur Quantenmechanik

In der nichtrelativistischen Theorie werden Impuls und Energie beim Übergang zur quantenmechanischen Beschreibung nach dem Schema

$$E \implies -\frac{\hbar}{i}\frac{\partial}{\partial t} \quad , \quad \boldsymbol{p} \implies \frac{\hbar}{i}\nabla \tag{8.13}$$

durch Operatoren ersetzt. Diese Zuordnung wird auch in einer relativistischen Theorie beibehalten. Dabei muß $\boldsymbol{p}$ stets der kanonische Impuls und E die Gesamtenergie sein. Mit Hilfe des kanonischen Vierer-Impulses (8.10) schreibt sich diese Zuordnung in der Form

$$p^\mu \implies -\frac{\hbar}{i}\partial^\mu = -\frac{\hbar}{i}\eta^{\mu\nu}\partial_\nu = i\hbar\,\eta^{\mu\nu}\partial_\nu \quad , \tag{8.14}$$

was den invarianten Charakter der Zuordnung sofort erkennen läßt.

Betrachten wir als erstes die dreidimensionale relativistische Hamilton-Funktion (8.12) mit $\boldsymbol{A} = 0$. Man sieht, daß zwar $H = E_{\text{ges}}$ und $\boldsymbol{p}$ im Prinzip in derselben Ordnung, nämlich linear bzw. als Wurzel aus einem Quadrat, auftreten, daß man also schreiben könnte

$$(c\sqrt{\boldsymbol{p}^2 + m_0{}^2 c^2} + e\,\varphi)\,\psi = E\,\psi \quad ,$$

daß aber die einfache Übersetzungsvorschrift auf Schwierigkeiten stößt, denn die Wurzel aus einem Operator ist keine definierte Operation. Man könnte daran denken, für kleine Impulse die Wurzel zu entwickeln, man erhält dabei

$$c\sqrt{\boldsymbol{p}^2 + m_0{}^2 c^2} \approx m_0 c^2 + \frac{\boldsymbol{p}^2}{2m_0} - \frac{1}{2m_0 c^2}\left(\frac{\boldsymbol{p}^2}{2m_0}\right)^2 + \cdots \quad ;$$

$m_0 c^2$ ist eine unwesentliche Konstante, die einfach zur Energie E hinzukommt (Nullpunktsverschiebung). Der zweite Summand liefert die nichtrelativistische Schrödinger-Gleichung, wenn man den relativistischen Impuls durch den nichtrelativistischen ersetzt. Die weiteren Summanden (auch den relativistischen Impuls entwickeln!) stellen relativistische Korrekturen dar, nach Potenzen von β entwickelt. Das Verfahren ist sehr unbefriedigend, da es nur eine Näherung darstellt, außerdem kann $|\boldsymbol{p}|$ wegen der Massenveränderlichkeit in $\boldsymbol{p} = m\boldsymbol{v} = m_0\boldsymbol{v}/\sqrt{1-\beta^2}$ größer als $m_0 c$ werden. Dann läßt sich die Wurzel nicht mehr entwickeln. Außerdem wäre eine Theorie, in der alle Potenzen

eines Differentialoperators vorkommen, sehr schwierig zu behandeln!
Auch die Schrödingersche Übersetzungsvorschrift versagt. Schrödinger
selbst hat lange versucht, die Quantenmechanik relativistisch richtig
zu machen, und ist gescheitert. Diese Versuche von Schrödinger fanden
statt, noch bevor er die nichtrelativistische Quantenmechanik fand,
denn er wollte natürlich zuerst eine Theorie entwickeln, die relativistisch richtig ist; umsomehr, da schon Sommerfeld die relativistische
Keplerbewegung zur Erklärung der Feinstruktur des Wasserstoffatoms
herangezogen hatte.

Die Schwierigkeiten bei dem Übersetzungsversuch entstehen, wie
wir gesehen haben, dadurch, daß die Gesamtenergie und der Impuls
(bzw. die Zeit und die Ortskoordinaten) in der „dreidimensionalen" relativistischen Hamilton-Funktion immer noch nicht ganz gleichberechtigt erscheinen. Will man dies erreichen, bieten sich im wesentlichen
zwei Möglichkeiten: Entweder bleibt die Gleichung in $\frac{\partial}{\partial x^i}$ quadratisch,
dann muß sie auch in $\frac{\partial}{\partial t}$ quadratisch sein; oder sie bleibt in $\frac{\partial}{\partial t}$ linear,
dann muß man erreichen, daß sie auch in $\frac{\partial}{\partial x^i}$ linear wird.

Die Klein-Gordon-Gleichung

Die erste Möglichkeit, nämlich $\frac{\partial}{\partial x^i}$ und $\frac{\partial}{\partial t}$ quadratisch, kann man erreichen, indem man $\mathcal{H} = c\sqrt{(\boldsymbol{p} - e\boldsymbol{A})^2 + m_0{}^2 c^2} + e\,\varphi$ „quadriert". Führt
man noch den kanonischen Vierer-Impuls und das Vierer-Potential ein,
so erhält man wieder die schon früher gefundene Lorentz-invariante
Form der „vierdimensionalen" Hamilton-Funktion:

$$\eta_{\mu\nu}(p^\mu - e\,\Phi^\mu)(p^\nu - e\,\Phi^\nu) = \eta^{\mu\nu}(p_\mu - e\,\Phi_\mu)(p_\nu - e\,\Phi_\nu) = m_0^2 c^2 \ .$$

Die Zuordnung $p_\mu \Longrightarrow i\hbar\partial_\mu$ (sie muß im *linearen* Operator geschehen)
liefert in diesem Fall die sogenannte Klein-Gordon-Gleichung (1926):

$$\eta^{\mu\nu}(i\hbar\partial_\mu - e\,\Phi_\mu)(i\hbar\partial_\nu - e\,\Phi_\nu)\,\psi = m_0^2 c^2\,\psi \quad \text{bzw.}$$

$$\left[\frac{1}{c^2}\left(\frac{\hbar}{i}\frac{\partial}{\partial t} + e\,\varphi\right)^2 - \left(\frac{\hbar}{i}\nabla - e\,\boldsymbol{A}\right)^2\right]\psi = m_0^2 c^2\,\psi \quad . \tag{8.15}$$

Bei verschwindenden äußeren Kräften ($\Phi_\mu = 0$) erhält man:

$$\frac{\hbar^2}{c^2}\,\ddot{\psi} - \hbar^2\,\triangle\,\psi = -m_0^2 c^2\,\psi \quad \text{bzw.} \quad \hbar^2\,\square\,\psi = -m_0^2 c^2\psi \ . \tag{8.16}$$

Die Dirac-Gleichung

Betrachtet man die zweite Möglichkeit, nämlich $\frac{\partial}{\partial t}$ und $\frac{\partial}{\partial x^i}$ linear, so kann man, wie es Dirac (1928) getan hat, versuchen, die Klein-Gordon-Gleichung zunächst für den kräftefreien Fall durch einen Ansatz, die sogenannte Dirac-Gleichung,

$$i\hbar\,\gamma^\mu\,\partial_\mu\,\psi \;=\; -\,im_0c\,\psi \tag{8.17}$$

mit noch zu bestimmenden konstanten Operatoren γ^μ zu linearisieren, und zwar so, daß die Lösungen der Dirac-Gleichung ebenfalls der kräftefreien Klein-Gordon-Gleichung genügen. Damit bleibt der alte Zusammenhang zwischen Energie und Impuls erhalten. Dirac gewinnt so auf eine ganz bestimmte Art und Weise die „Wurzel" eines Operators. Diese Forderung liefert Bedingungen für die γ^μ, die man ermitteln kann, indem man die Operation $i\hbar\gamma^\mu\partial_\mu$ auf die Dirac-Gleichung anwendet, es entsteht:

$$\begin{aligned}
(i\hbar\,\gamma^\mu\,\partial_\mu)(i\hbar\,\gamma^\nu\,\partial_\nu)\,\psi &= -\,\hbar^2\gamma^\mu\gamma^\nu\partial_\mu\partial_\nu\,\psi \\
&= (-im_0c)\,(-im_0c)\,\psi \;=\; -\,m_0^2c^2\,\psi \quad.
\end{aligned} \tag{8.18}$$

Soll diese Gleichung mit der kräftefreien Klein-Gordon-Gleichung übereinstimmen, dann müssen die γ^μ die Beziehung

$$\tfrac{1}{2}(\gamma^\mu\gamma^\nu + \gamma^\nu\gamma^\mu) = -\,\eta^{\mu\nu} \tag{8.19}$$

erfüllen. Damit ist gewährleistet, daß die Lösungen der kräftefreien Dirac-Gleichung auch die Klein-Gordon-Gleichung erfüllen. Die Gleichung (8.19) für die γ^μ ist mit gewöhnlichen Zahlen γ^μ nicht erfüllbar, wohl aber mit wenigstens vierreihigen quadratischen Matrizen. Das bedeutet, daß ψ in der Dirac-Gleichung eine mehrkomponentige (wenigstens vier) Wellenfunktion sein muß. Das ist sehr befriedigend im Hinblick darauf, daß nunmehr dem Elektron, das wir ja mit dieser Gleichung beschreiben wollen, zwangsläufig zusätzliche Freiheitsgrade zugeordnet werden müssen (Spin!). Bei Anwesenheit äußerer Felder wird man die Dirac-Gleichung analog verallgemeinern zu

$$\gamma^\mu(i\hbar\partial_\mu - e\,\Phi_\mu)\,\psi \;=\; -\,im_0c\,\psi \quad. \tag{8.20}$$

Wir untersuchen, ob wir durch nochmalige Anwendung wieder die Klein-Gordon-Gleichung, diesmal mit äußerem Feld bekommen. Da die

γ^μ durch den Vergleich im kräftefreien Fall festgelegt sind, haben wir keine Freiheiten mehr.

$$\gamma^\mu(i\hbar\partial_\mu - e\,\Phi_\mu)\,\gamma^\nu(i\hbar\partial_\nu - e\,\Phi_\nu)\,\psi \tag{8.21}$$
$$= -\big[\eta^{\mu\nu}(i\hbar\partial_\mu - e\,\Phi_\mu)\,(i\hbar\partial_\nu - e\,\Phi_\nu) + \gamma^\mu\gamma^\nu(i\hbar\partial_\mu i\hbar\partial_\nu - e\,\Phi_\nu i\hbar\partial_\mu$$
$$- e\,i\hbar\partial_\mu\Phi_\nu - e\,\Phi_\mu i\hbar\partial_\nu + e^2\Phi_\mu\Phi_\nu)_{\mu\neq\nu}\big]\psi = -m_0^2 c^2\,\psi \quad .$$

In der Klammer nach $\gamma^\mu\gamma^\nu$ fallen alle Summanden, die in μ und ν symmetrisch sind, wegen $\frac{1}{2}(\gamma^\mu\gamma^\nu + \gamma^\nu\gamma^\mu) = -\eta^{\mu\nu}$ weg. Es verschwinden also der erste Summand, der zweite zusammen mit dem vierten und der fünfte Summand. Der dritte Summand läßt sich noch weiter umformen

$$- i\hbar e\,\gamma^\mu\gamma^\nu\partial_\mu\Phi_\nu\,|_{\mu\neq\nu} = -\frac{i\hbar e}{2}(\gamma^\mu\gamma^\nu - \gamma^\nu\gamma^\mu)\partial_\mu\Phi_\nu$$
$$= -\frac{i\hbar e}{4}(\gamma^\mu\gamma^\nu - \gamma^\nu\gamma^\mu)(\partial_\mu\Phi_\nu - \partial_\nu\Phi_\mu) = -\frac{i\hbar e}{4}(\gamma^\mu\gamma^\nu - \gamma^\nu\gamma^\mu)F_{\mu\nu}\ .$$

Damit erhält man:

$$\big[-\eta^{\mu\nu}(i\hbar\partial_\mu - e\,\Phi_\mu)\,(i\hbar\partial_\nu - e\,\Phi_\nu)$$
$$+ \frac{\hbar e}{4i}(\gamma^\mu\gamma^\nu - \gamma^\nu\gamma^\mu)F_{\mu\nu}\big]\,\psi = -m_0^2 c^2\psi \quad . \tag{8.22}$$

Diese Gleichung unterscheidet sich von der Klein-Gordon-Gleichung mit Feld durch ein Zusatzglied, das als Wechselwirkung des Spins mit dem äußeren Feld gedeutet werden kann.

8.3 Physikalische Interpretation

Die physikalische Deutung sowohl der Klein-Gordon- als auch der Dirac-Gleichung als quantenmechanische Gleichung für *ein* Elektron, d.h., die Auffassung von ψ als Zustandsvektor, wie es in der nichtrelativistischen Theorie möglich ist, stößt allerdings auf ernste Schwierigkeiten. Wir wollen sie im folgenden qualitativ diskutieren. Wir betrachten zunächst die Lösungen der kräftefreien Klein-Gordon-Gleichung.

$$\hbar^2\,\Box\,\psi = -m_0^2 c^2\,\psi \quad . \tag{8.23}$$

Sie hat die Struktur einer Wellengleichung. Wir wählen daher als Ansatz ebene Wellen $\sim e^{i(\boldsymbol{k}\boldsymbol{r} - \omega t)}$ bzw. in Viererschreibweise $\sim e^{-i\eta_{\mu\nu}k^\mu x^\nu}$

mit dem Vierer-Wellenzahlvektor $\{k^\mu\} = \{\frac{1}{c}\omega, \boldsymbol{k}\}$. Eingesetzt in (8.23) ergibt dies

$$\hbar^2\,\eta_{\mu\nu}\,k^\mu\,k^\nu \;=\; m_0^2 c^2 \;=\; \hbar^2\,\frac{\omega^2}{c^2} - \hbar^2 \boldsymbol{k}^2 \tag{8.24}$$

und nach $\hbar\omega$ aufgelöst

$$\hbar\omega \;=\; \pm c\,\sqrt{\hbar^2\boldsymbol{k}^2 + m_0{}^2 c^2}\;\;. \tag{8.25}$$

Das $\pm$-Zeichen entspricht genau dem $\pm$-Zeichen in der klassischen relativistischen Hamilton-Funktion ohne Feld

$$\mathcal{H} \;=\; \pm c\sqrt{\boldsymbol{p}^2 + m_0{}^2 c^2}\;\;.$$

In (8.12) konnten wir das Minuszeichen als sinnlos ohne weitere Konsequenz weglassen. In der Quantenmechanik können aber die Lösungen mit negativer Energie nicht wie in der klassischen Mechanik einfach unterdrückt werden, denn ein geladenes Teilchen kann auch einen mit Strahlung verbundenen Übergang von positiven zu negativen Energiezuständen machen. Bei der Dirac-Gleichung tritt genau das gleiche Problem auf. Es gibt auch hier keinen Zustand tiefster Energie, und auch hier ist die Schwierigkeit *nicht* dadurch zu beseitigen, daß man die Zustände negativer Energie als physikalisch unbrauchbar aus der Betrachtung ausschließt, denn es können Zustände mit positiver Energie bei Anwesenheit von äußeren Feldern in Zustände mit negativer Energie übergehen. An dem Ergebnis für ebene Wellen $\hbar\omega = \pm c\sqrt{\hbar^2\boldsymbol{k}^2 + m_0{}^2 c^2}$ sieht man übrigens, daß bei den Lösungen der Klein-Gordon-Gleichung der relativistische Zusammenhang zwischen Energie und Impuls vorliegt – wie schon früher erwähnt wurde und wie man es auf Grund der Entstehung der Klein-Gordon-Gleichung auch erwartet. Das war ja die Begründung dafür, warum wir, um zur Dirac-Gleichung zu gelangen, so linearisiert haben, daß die Lösungen der Dirac-Gleichung ohne Feld auch Lösungen der Klein-Gordon-Gleichung sind.

Außer den Lösungen mit negativer Energie, die bei der Dirac-Gleichung ebenfalls auftreten, spricht gegen die Klein-Gordon-Gleichung, daß sie nicht die bewährte Gestalt $H\psi = i\hbar\frac{\partial\psi}{\partial t}$ hat. Vielmehr ist sie von zweiter Ordnung in $\frac{\partial}{\partial t}$, daher reicht die Kenntnis des Zustandes ψ zu einer bestimmten Zeit nicht aus, um den weiteren Verlauf festzulegen, man benötigt die Anfangswerte von ψ und $\frac{\partial\psi}{\partial t}$. Eine weitere grundsätzliche Schwierigkeit ergibt sich, wenn man versucht, analog zur nichtrelativistischen Quantenmechanik eine Kontinuitätsgleichung aufzustellen:

$$\psi^* \cdot |\qquad \hbar^2 \,\square\, \psi \;=\; -m_0^2 c^2 \psi$$
$$\psi \;\cdot |\qquad \hbar^2 \,\square\, \psi^* \;=\; -m_0^2 c^2 \psi^* \quad . \tag{8.26}$$

Die Subtraktion der beiden Gleichungen liefert:

$$\psi^* \,\square\, \psi - \psi \,\square\, \psi^* \;=\; \eta^{\mu\nu} \frac{\partial}{\partial x^\mu} \left(\psi^* \frac{\partial \psi}{\partial x^\nu} - \psi \frac{\partial \psi^*}{\partial x^\nu} \right) \;=\; 0 \quad . \tag{8.27}$$

Dies können wir auch in der Form

$$\partial_\mu j^\mu \;=\; 0 \quad \text{mit} \quad j^\mu \;=\; \frac{i\hbar}{2m_0} \, \eta^{\mu\nu} \left(\psi^* \partial_\nu \psi - \psi \partial_\nu \psi^* \right) \tag{8.28}$$

schreiben. Der Faktor bei j^μ ist so gewählt, daß die drei Raumkomponenten von $\{j^\mu\}$ als Dreier-Vektor geschrieben

$$\boldsymbol{j} \;=\; -\frac{i\hbar}{2m_0} \left(\psi^* \nabla \psi - \psi \nabla \psi^* \right) \tag{8.29a}$$

ergeben, also den Materiestrom der nichtrelativistischen Quantenmechanik. Die nullte Komponente ist

$$j^0 \;=\; c\rho \;=\; \frac{i\hbar}{2m_0 c} \left(\psi^* \frac{\partial \psi}{\partial t} - \psi \frac{\partial \psi^*}{\partial t} \right) \quad . \tag{8.29b}$$

Mit den reellen Größen ρ und $\boldsymbol{j}$ (i mal Differenz zweier zueinander konjugiert komplexer Zahlen) können wir die Kontinuitätsgleichung (8.28) $\partial_\mu j^\mu = 0$ auch in der gewohnten dreidimensionalen Form

$$\frac{\partial \rho}{\partial t} + \operatorname{div}\boldsymbol{j} \;=\; 0 \tag{8.30}$$

schreiben. Leider kann man aber ρ trotzdem nicht als Wahrscheinlichkeitsdichte deuten, denn ρ ist, anders als im nichtrelativistischen Fall ($\rho_{\mathrm{n.r.}} = \psi^* \psi$), keine positiv definite Größe, sondern kann auch negativ werden, und negative Wahrscheinlichkeitsdichten sind physikalisch nicht sinnvoll. Diese Schwierigkeit ist nicht dadurch zu beheben, daß man sich auf diejenigen ψ und $\frac{\partial \psi}{\partial t}$ beschränkt, für die ρ positiv wird; denn im allgemeinen entwickelt sich aus diesem positiven ρ im Laufe der Zeit eine Dichte, die stellenweise doch negativ ist. Daher kann man die

Klein-Gordon-Gleichung nicht zur Beschreibung *eines* Teilchens heranziehen. Wohl aber hat sie ihren Sinn als klassische Wellengleichung, wo
$e\rho$ als Ladungsdichte (mit positiven und negativen Ladungen) auftritt.
Man kann dann auf die Klein-Gordon-Gleichung die üblichen Quantisierungsverfahren anwenden, analog zum Vorgehen beim elektromagnetischen Feld. Die dem „Klein-Gordon-Feld" quantenmechanisch zugeordneten Teilchen haben dann die Masse m_0, Ladung $\pm e$ und keinen
Spin (Pionen).

Bei der Dirac-Gleichung treten zwei der eben erwähnten Schwierigkeiten nicht auf. Die Dirac-Gleichung ist linear in $\frac{\partial}{\partial t}$, sie läßt sich also
auf die Gestalt $H = i\hbar\frac{\partial\psi}{\partial t}$ bringen. Ferner ist es möglich, eine stets positive Dichte ρ mit entsprechender Kontinuitätsgleichung zu definieren.
Es bleibt lediglich die Schwierigkeit bestehen, daß die Energieniveaus
der stationären Zustände zwischen $-\infty$ und $+\infty$ variieren. Dem entspricht, daß man für die Dirac-Gleichung, aufgefaßt als klassische Wellengleichung, keinen überall positiven Ausdruck für die Energiedichte
finden kann. Man kann jedoch auch die Dirac-Gleichung „quantisieren"
und kommt damit zu einer Mehrteilchentheorie, in der es zunächst auch
Teilchen mit negativen Energien gibt, die physikalisch unsinnige Eigenschaften besitzen. Da aber die Elektronen dem Pauli-Prinzip genügen,
konnte Dirac diese Schwierigkeiten durch die Annahme beseitigen, daß
die Zustände negativer Energie alle bereits besetzt sind und somit keine
Übergänge zwischen positiven und negativen Energien mehr vorkommen können. Diese Besetzung soll den Vakuumzustand, d.h., den Zustand tiefster Energie mit Ladung und Masse Null, beschreiben. Dann
kann ein zusätzliches Elektron nur noch die nicht besetzten *positiven*
Energiewerte annehmen, und es gibt einen tiefsten Zustand. Der Vakuumzustand ist damit nicht leer, sondern enthält den besetzten Untergrund negativer Energien und damit eine ganze Reihe physikalischer
Eigenschaften.

Am deutlichsten zeigt sich dies in der Möglichkeit der Erzeugung
von Elektron-Positron-Paaren: Ein Lichtquant genügend hoher Energie
kann ein Elektron negativer Energie in einen Zustand positiver Energie
anheben. Dann *fehlt* dem Grundzustand ein Teilchen negativer Energie
und Ladung. Was man also neben dem angeregten Elektron beobachten sollte, ist ein weiteres physikalisch vernünftiges Gebilde, das sich
nach Dirac wie ein Teilchen *positiver* Energie und *positiver* Ladung
verhält. So kam Dirac 1930 auf Grund seiner kühnen und zunächst
äußerst befremdlichen Annahme über den Vakuumzustand zur Hypo-

these der Existenz von „Positronen". Zuerst dachte Dirac allerdings an einen Zusammenhang der „Löcher" im Grundzustand mit dem damals neben dem Elektron allein bekannten Proton. Es wurde jedoch von Oppenheimer 1930 und Weyl 1931 gezeigt, daß die Masse eines „Lochs" gleich der Elektronenmasse sein muß. Tatsächlich wurden solche Teilchen zwei Jahre später von Anderson in der Höhenstrahlung zum ersten Male beobachtet. Im Grunde verhält sich die Dirac-Gleichung ähnlich wie die Klein-Gordon-Gleichung. Bei beiden kommt man nicht mit einem Teilchen allein aus, man wird zwingend auf die Berücksichtigung vieler Teilchen geführt. Das ist ein allgemeiner Zug aller relativistischen Theorien, deren physikalisch vernünftige Beschreibung quantisierte Felder mit vielen Teilchen sind. Man kann jedoch die Dirac-Gleichung näherungsweise als quantenmechanische Gleichung für ein Elektron vom Typ der Schrödinger-Gleichung auffassen, wenn man annimmt, daß alle Zustände mit negativen Energien besetzt sind, und wenn man Übergänge zwischen Zuständen mit positiver und negativer Energie vernachlässigen darf.

An diesen Beispielen dürfte wohl deutlich geworden sein, welchen fundamentalen Einfluß auf eine physikalische Theorie die Forderung nach Lorentz-Invarianz darstellt!

Literatur

Es war unser Bemühen, das Buch so auszuarbeiten, daß für den Leser eigentlich alles ohne weitere Hilfsmittel nachvollziehbar sein sollte. Aber die Geschmäcker sind ja bekanntlich verschieden, und die richtige Physik ist, wie bereits im Vorwort erwähnt, nicht nur Lorentz-, sondern auch Lehrbuch-invariant. Daher kann natürlich jedes gute Lehrbuch zur Ergänzung und Vertiefung empfohlen werden, also beispielsweise:

Lehrbücher

A. Einstein (1990): *Grundzüge der Relativitätstheorie*, WTB, 9. Aufl., Vieweg, Wiesbaden (Die goldenen Worte des Meisters selbst)

A. Einstein (1988): *Über die spezielle und allgemeine Relativitätstheorie*, 23. Aufl., Vieweg, Wiesbaden (Ebenfalls die goldenen Worte des Meisters, aber möglichst allgemeinverständlich)

Becker/Sauter (1973): *Theorie der Elektrizität*, Band I, Teubner, Stuttgart (Dieses Buch diente für einige Abschnitte als Vorlage)

A. P. French (1986): *Die spezielle Relativitätstheorie*, Vieweg, Wiesbaden

Landau/Lifschitz: *Theoretische Physik*, Band II, Verlag Harri Deutsch, Frankfurt

C. Moller (1977): *Relativitätstheorie*, B.I.-Hochschultaschenbücher, Mannheim

W. Rindler (1982): *Introduction to Special Relativity*, Oxford University Press

U. E. Schröder (1987): *Spezielle Relativitätstheorie* Verlag Harri Deutsch, Frankfurt

J. Schwinger (1986): *Einstein's Legacy*, W. H. Freeman, Oxford

M. Soffel und H. Ruder (1993): *Experimente zur Relativitätstheorie*, Vieweg, Wiesbaden

S. Weinberg (1972): *Gravitation and Cosmology*, John Wiley & Sons, New York (Ein wunderschönes Buch, vor allem für die allgemeine Relativitätstheorie, aber auch die spezielle Relativitätstheorie wird zwar knapp, aber meisterlich behandelt)

C.M. Will (1993): *Theory and Experiment in Gravitational Physics*, Cambridge University Press

Originalarbeiten zum Aussehen relativistisch bewegter Körper

M.L. Boas (1961): „Apparent Shape of Large Objects at Relativistic Speeds" *Amer. J. Phys.* **29**, 283

A. Einstein (1905): „Zur Elektrodynamik bewegter Körper" *Ann. d. Phys.* **17**, 891 (Dies ist die Originalarbeit von Einstein zur speziellen Relativitätstheorie.)

W. Gekelman, J. Maggs und L. Xu (1991): „Real-Time Relativity" *Computers in Physics, Jul/Aug*, 372

A. Lampa (1924): „Wie erscheint nach der Relativitätstheorie ein bewegter Stab einem ruhenden Beobachter?" *Z. Physik* **72**, 138

R. Penrose (1959): „The Apparent Shape of a Relativistically Moving Sphere" *Proc. Cambr. Phil. Soc.* **55**, 137

H. Ruder und Mitarbeiter (1991): „Fremde Welten auf dem Graphikschirm – Die Bedeutung der Visualisierung für die Astrophysik" *Informationstechnik it* **33**, No. 2, 91

G.D. Scott and M.R. Viner(1965): „ The Geometrical Appearance of Large Objects Moving at Relativistic Speeds" *Amer. J. Phys.* **33**, 534

G.D. Scott and H.J. van Driel (1970): „Geometrical Appearances at Relativistic Speeds" *Amer. J. Phys.* **38**, 971

J. Terrell (1959): „Invisibility of the Lorentz Contraction" *Phys. Rev* **116**, 1041

V.F. Weiskopf (1960): *Phys. Today* **13**, No. 9, 24

Sachwortregister